建筑施工特种作业人员安全技术培训教材

特种作业安全生产基本知识

《建筑施工特种作业人员安全技术培训教材》编委会　编

中国环境出版集团·北京

图书在版编目（CIP）数据

特种作业安全生产基本知识/《建筑施工特种作业人员安全技术培训教材》编委会编. —北京：中国环境出版集团，2021.8

建筑施工特种作业人员安全技术培训教材

ISBN 978-7-5111-4808-7

Ⅰ.①特… Ⅱ.①建… Ⅲ.①建筑工程—安全生产—安全培训—教材 Ⅳ.①TU714

中国版本图书馆 CIP 数据核字（2021）第 153268 号

出 版 人 武德凯
责任编辑 张于嫣
责任校对 任 丽
封面设计 彭 杉

出版发行 中国环境出版集团
（100062 北京市东城区广渠门内大街 16 号）
网 址：http：//www.cesp.com.cn
电子邮箱：bjgl@cesp.com.cn
联系电话：010-67112765（编辑管理部）
010-67112739（第三分社）
发行热线：010-67125803，010-67113405（传真）
印 刷 北京中科印刷有限公司
经 销 各地新华书店
版 次 2021 年 12 月第 1 版
印 次 2021 年 12 月第 1 次印刷
开 本 850×1168 1/32
印 张 5.625
字 数 156 千字
定 价 22.00 元

《建筑施工特种作业人员安全技术培训教材》

编　委　会

（排名不分先后）

前　　言

为了加强对建筑施工特种作业人员的管理，防止和减少生产安全事故的发生，提高建筑施工特种作业人员的安全操作技能和自我保护能力，加强建筑施工特种作业人员的安全技术考核培训工作，按照《中华人民共和国安全生产法》《建设工程安全生产管理条例》《安全生产许可证条例》《建筑起重机械安全监督管理规定》《危险性较大的分部分项工程安全管理规定》及其他相关法规的规定，依据《建筑施工特种作业人员管理规定》（建质〔2008〕75 号）对建筑施工特种作业人员在考核、发证、从业和监督管理工作的明确要求，我们组织多位专家编写了《建筑施工特种作业人员安全技术培训教材》。

本套教材针对建筑施工特种作业人员的岗位特点，依据《建筑施工特种作业人员培训教材编写大纲》的要求编写。内容深入浅出，通俗易懂，图文并茂，可操作性强，适用于塔式起重机司机、塔式起重机安装拆卸工、建筑起重信号司索工、施工升降机司机、施工升降机安装拆卸工、物料提升机司机、物料提升机安装拆卸工、建筑电工、建筑架子工、高处作业吊篮安装拆卸工的安全技术考核培训，并专门编写了《特种作业安全生产基本知识》作为通用教材，配套使用。

本书为《建筑施工特种作业人员安全技术培训教材》中的一本。全书共8章，内容包括建筑工程安全生产法律法规相关知识、特种作业人员管理制度、建筑施工安全事故、施工现场安全生产基本要求、建筑施工安全标志、建筑施工职业病防治、建筑施工的环保节能与文物保护制度、施工现场急救常识。本书作为通用教材与其他教材配套使用。

本书既可作为建筑施工特种作业人员安全技术考核培训用书，也可作为建设单位、施工单位和建筑类大中专院校的教学及辅导用书。

本书在编写过程中参考了大量的相关标准规范和文献资料，在此向给予我们极大帮助的专家学者表示衷心的感谢！

限于编写时间仓促，书中不足之处在所难免，敬请同人和读者批评指正。

目　　录

第一章　建筑工程安全生产法律法规相关知识 …………………… 1

第一节　安全生产法律法规体系…………………………………… 1

第二节　建筑安全生产相关法律法规（摘录） ………………… 4

第三节　建筑工人的安全生产法律权利 ………………………12

第四节　建筑工人的安全生产法律义务 ………………………15

第二章　特种作业人员管理制度……………………………………… 17

第三章　建筑施工安全事故…………………………………………… 24

第一节　建筑施工意外事故及预防………………………………24

第二节　建筑施工安全隐患及防控………………………………39

第四章　施工现场安全生产基本要求……………………………… 54

第一节　建筑施工安全基础知识…………………………………54

第二节　进场的基本要求…………………………………………61

第三节　施工现场的基本安全要求………………………………65

第四节　高处作业的安全要求……………………………………76

第五节　防护设备的安全使用要求……87
第六节　施工现场消防的安全要求……89
第七节　施工现场用电的安全要求……95
第八节　土方作业的安全要求……100
第九节　钢筋加工及现场操作的安全要求……102
第十节　模板施工的安全要求……106
第十一节　混凝土作业的安全要求……108

第五章　建筑施工安全标志……110

第一节　安全标志……110
第二节　安全色和对比色……111
第三节　安全标志的设置……114

第六章　建筑施工职业病防治……118

第七章　建筑施工的环保节能与文物保护制度……123

第一节　施工现场的环境保护制度……123
第二节　建筑施工的节约能源制度……129
第三节　建筑施工的文物保护制度……133

第八章　施工现场急救常识……138

附录一　建筑施工特种作业人员管理规定……148

附录二　建筑施工现场常用安全标志……157

第一章　建筑工程安全生产法律法规相关知识

第一节　安全生产法律法规体系

一、宪法

宪法是国家的根本大法，适用于国家全体公民，是特定社会政治经济和思想文化条件综合作用的产物，集中反映各种政治力量的实际对比关系，确认革命胜利成果和现实的民主政治，规定国家的根本任务和根本制度，即社会制度、国家制度的原则和国家政权的组织以及公民的基本权利和义务等内容。

二、安全生产法律

法律通常是指由国家制定或认可并以国家强制力（主要是司法机关）保证实施的，以规定当事人权利和义务为内容的，对全体社会成员具有普遍约束力的一种特殊行为规范（社会规范）。

我国现行的有关安全生产的法律有：

（1）基本法。基本法是指《中华人民共和国安全生产法》和与它平行的专门法律和相关法律，《中华人民共和国安全生产法》是综合规范安全生产法律制度的法律，它适用于所有生产经营单位，是我国安全生产法律体系的核心。

（2）专门法律。专门法律是规范某一领域安全生产法律制度的法律。如《中华人民共和国建筑法》和《中华人民共和国消防法》等。

（3）相关法律。与安全生产相关的法律是指安全生产专门法律之外的，其他涵盖安全生产内容的法律，如《中华人民共和国劳动法》等。

三、安全生产法规

安全生产法规可分为安全生产行政法规和地方性安全生产法规。

（1）安全生产行政法规，是由国务院组织制定并颁布的，是为了实施安全生产法律，或规范安全生产监督管理制度而制定并颁布的一系列具体规定，是实施安全生产监督管理和监察工作的重要依据。如《安全生产许可证条例》《重大事故隐患管理规定》《生产安全事故报告和调查处理条例》《特种设备安全监察条例》等。

（2）地方性安全生产法规，是指由有立法权力的地方权力机关人民代表大会及其常务委员会和地方政府制定的安全生产规范性文件，是由法律授权制定的，对国家安全生产法律、法规的补充和完善，具有较强的针对性和可操作性。如《北京市安全生产条例》和《浙江省安全生产条例》等。

四、安全生产规章

安全生产规章分为部门安全生产规章和地方政府安全生产

规章。

（1）部门安全生产规章，是由国务院有关部门依照安全生产法律、行政法规的规定或国务院授权制定发布的，安全生产规章的法律地位和法律效力低于法律、行政法规，高于地方政府规章，如《建筑施工企业安全生产许可证管理规定》（建设部令　第128号）等。

（2）地方政府安全生产规章，是最低层级的安全生产立法，其法律地位和法律效力低于其他上位法，不得与上位法相抵触。如《北京市建设工程施工现场管理办法》（市政府令　第247号）等。

五、安全生产标准

《中华人民共和国标准化法》将中国标准分为国家标准（GB）、行业标准、地方标准（DB）、企业标准（QB）4级。

（1）国家标准。我国国家标准分为强制性国标（GB）和推荐性国标（GB/T）。国家标准的编号由国家标准的代号、国家标准发布的顺序号和国家标准发布的年号（发布年份）构成。如《高处作业分级》（GB/T 3608—2008）。

（2）行业标准。行业标准是对没有国家标准而又需要在全国某个行业范围内统一的技术要求所制定的标准。行业标准不得与有关国家标准相抵触。安全生产行业标准是指国务院有关部门和直属机构依照《中华人民共和国标准化法》制定的，在安全生产领域内适用的安全生产技术规范。如《建筑施工安全检查标准》（JGJ 59—2011）等。

（3）地方标准。地方标准又称为区域标准，当没有相应的国家标准和行业标准的规定，而又需要统一辖区内产品的安全和卫生要求的，可以制定地方标准。地方标准由省、自治区、直辖市标准化行政主管部门制定，并报国务院标准化行政主管部门和国务院有关行政主管部门备案。如《北京市建筑工程施工安全操作规程》（DBJ 01—62—2002）。

（4）企业标准。企业标准是对企业范围内需要协调、统一的技术要求、管理要求和工作要求所指定的标准。企业标准由企业制定，由企业法人代表或法人代表授权的主管领导批准、发布。

第二节　建筑安全生产相关法律法规（摘录）

一、《中华人民共和国安全生产法》2021年9月1日起施行（摘录）

“第六条　生产经营单位的从业人员有依法获得安全生产保障的权利，并应当依法履行安全生产方面的义务。”

“第二十条　生产经营单位应当具备本法和有关法律、行政法规和国家标准或者行业标准规定的安全生产条件；不具备安全生产条件的，不得从事生产经营活动。”

“第二十一条　生产经营单位的主要负责人对本单位安全生产工作负有下列职责：

（一）建立健全并落实本单位全员安全生产责任制，加强安全生产标准化建设；

（二）组织制定本单位安全生产规章制度和操作规程；

（三）组织制定并实施本单位安全生产教育和培训计划；

（四）保证本单位安全生产投入的有效实施；

（五）组织建立并落实安全风险分级管控和隐患排查治理双重预防工作机制，督促、检查本单位的安全生产工作，及时消除生产安全事故隐患；

（六）组织制定并实施本单位的生产安全事故应急救援预案；

（七）及时、如实报告生产安全事故。”

“第二十八条　生产经营单位应当对从业人员进行安全生产教育和培训，保证从业人员具备必要的安全生产知识，熟悉有关的安全生产规章 制度和安全操作规程，掌握本岗位的安全操作技能，了解事故应急处理措施，知悉自身在安全生产方面的权利和义务。未经安全生产教育和培训合格的从业人员，不得上岗作业。

生产经营单位使用被派遣劳动者的，应当将被派遣劳动者纳入本单位从业人员统一管理，对被派遣劳动者进行岗位安全操作规程和安全操作技能的教育和培训。劳务派遣单位应当对被派遣劳动者进行必要的安全生产教育和培训。

生产经营单位接收中等职业学校、高等学校学生实习的，应当对实习学生进行相应的安全生产教育和培训，提供必要的劳动防护用品。学校应当协助生产经营单位对实习学生进行安全生产教育和培训。

生产经营单位应当建立安全生产教育和培训档案，如实记录安全生产教育和培训的时间、内容、参加人员以及考核结果等情况。”

“第三十条　生产经营单位的特种作业人员必须按照国家有关规定经专门的安全作业培训，取得相应资格，方可上岗作业。

特种作业人员的范围由国务院应急管理部门会同国务院有关部门确定。”

“第四十四条　生产经营单位应当教育和督促从业人员严格执行本单位的安全生产规章制度和安全操作规程；并向从业人员如实告知作业场所和工作岗位存在的危险因素、防范措施以及事故应急措施。

生产经营单位应当关注从业人员的身体、心理状况和行为习惯，加强对从业人员的心理疏导、精神慰藉，严格落实岗位安全生产责任，防范从业人员行为异常导致事故发生。

第四十五条　生产经营单位必须为从业人员提供符合国家标准或者行业标准的劳动防护用品，并监督、教育从业人员按照使用规则佩戴、使用。”

“第四十七条　生产经营单位应当安排用于配备劳动防护用品、进行安全生产培训的经费。”

“第五十一条　生产经营单位必须依法参加工伤保险，为从业人员缴纳保险费。

国家鼓励生产经营单位投保安全生产责任保险；属于国家规定的高危行业、领域的生产经营单位，应当投保安全生产责任保险。具体范围和实施办法由国务院应急管理部门会同国务院财政部门、国务院保险监督管理机构和相关行业主管部门制定。

第五十二条　生产经营单位与从业人员订立的劳动合同，应当载明有关保障从业人员劳动安全、防止职业危害的事项，以及依法为从业人员办理工伤保险的事项。

生产经营单位不得以任何形式与从业人员订立协议，免除或者减轻其对从业人员因生产安全事故伤亡依法应承担的责任。

第五十三条　生产经营单位的从业人员有权了解其作业场所和工作岗位存在的危险因素、防范措施及事故应急措施，有权对本单位的安全生产工作提出建议。

第五十四条　从业人员有权对本单位安全生产工作中存在的问题提出批评、检举、控告；有权拒绝违章指挥和强令冒险作业。

生产经营单位不得因从业人员对本单位安全生产工作提出批评、检举、控告或者拒绝违章指挥、强令冒险作业而降低其工资、福利等待遇或者解除与其订立的劳动合同。

第五十五条　从业人员发现直接危及人身安全的紧急情况时，有权停止作业或者在采取可能的应急措施后撤离作业场所。

生产经营单位不得因从业人员在前款紧急情况下停止作业或

者采取紧急撤离措施而降低其工资、福利等待遇或者解除与其订立的劳动合同。

第五十六条　生产经营单位发生生产安全事故后，应当及时采取措施救治有关人员。

因生产安全事故受到损害的从业人员，除依法享有工伤保险外，依照有关民事法律尚有获得赔偿的权利的，有权提出赔偿要求。

第五十七条　从业人员在作业过程中，应当严格落实岗位安全责任，遵守本单位的安全生产规章制度和操作规程，服从管理，正确佩戴和使用劳动防护用品。

第五十八条　从业人员应当接受安全生产教育和培训，掌握本职工作所需的安全生产知识，提高安全生产技能，增强事故预防和应急处理能力。

第五十九条　从业人员发现事故隐患或者其他不安全因素，应当立即向现场安全生产管理人员或者本单位负责人报告；接到报告的人员应当及时予以处理。”

二、《中华人民共和国建筑法》(摘录)

“第三十六条　建筑工程安全生产管理必须坚持安全第一、预防为主的方针，建立健全安全生产的责任制度和群防群治制度。”

“第四十四条　建筑施工企业必须依法加强对建筑安全生产的管理，执行安全生产责任制度，采取有效措施，防止伤亡和其他安全生产事故的发生。

建筑施工企业的法定代表人对本企业的安全生产负责。”

“第四十六条　建筑施工企业应当建立健全劳动安全生产教育培训制度，加强对职工安全生产的教育培训；未经安全生产教育培训的人员，不得上岗作业。

第四十七条　建筑施工企业和作业人员在施工过程中，应当遵守有关安全生产的法律、法规和建筑行业安全规章、规程，不得违章指挥或者违章作业。作业人员有权对影响人身健康的作业程序和作业条件提出改进意见，有权获得安全生产所需的防护用品。作业人员对危及生命安全和人身健康的行为有权提出批评、检举和控告。

第四十八条　建筑施工企业应当依法为职工参加工伤保险缴纳工伤保险费。鼓励企业为从事危险作业的职工办理意外伤害保险，支付保险费。”

“第五十一条　施工中发生事故时，建筑施工企业应当采取紧急措施减少人员伤亡和事故损失，并按照国家有关规定及时向有关部门报告。”

三、《中华人民共和国劳动法》（摘录）

“第三条　劳动者享有平等就业和选择职业的权利、取得劳动报酬的权利、休息休假的权利、获得劳动安全卫生保护的权利、接受职业技能培训的权利、享受社会保险和福利的权利、提请劳动争议处理的权利以及法律规定的其他劳动权利。

劳动者应当完成劳动任务，提高职业技能，执行劳动安全卫生规程，遵守劳动纪律和职业道德。”

“第十五条　禁止用人单位招用未满十六周岁的未成年人。

文艺、体育和特种工艺单位招用未满十六周岁的未成年人，必须依照国家有关规定，履行审批手续，并保障其接受义务教育的权利。

第十六条　劳动合同是劳动者与用人单位确立劳动关系、明确双方权利和义务的协议。

建立劳动关系应当订立劳动合同。”

“第五十四条　用人单位必须为劳动者提供符合国家规定的劳动安全卫生条件和必要的劳动防护用品，对从事有职业危害作业的劳动者应当定期进行健康检查。

第五十五条　从事特种作业的劳动者必须经过专门培训并取得特种作业资格。

第五十六条　劳动者在劳动过程中必须严格遵守安全操作规程。

劳动者对用人单位管理人员违章指挥、强令冒险作业，有权拒绝执行；对危害生命安全和身体健康的行为，有权提出批评、检举和控告。"

"第五十八条　国家对女职工和未成年工实行特殊劳动保护。

未成年工是指年满十六周岁未满十八周岁的劳动者。"

"第六十八条　用人单位应当建立职业培训制度，按照国家规定提取和使用职业培训经费，根据本单位实际，有计划地对劳动者进行职业培训。

从事技术工种的劳动者，上岗前必须经过培训。"

"第七十二条　社会保险基金按照保险类型确定资金来源，逐步实行社会统筹。用人单位和劳动者必须依法参加社会保险，缴纳社会保险费。"

"第七十七条　用人单位与劳动者发生劳动争议，当事人可以依法申请调解、仲裁、提起诉讼，也可协商解决。

调解原则适用于仲裁和诉讼程序。"

四、《建设工程安全生产管理条例》（摘录）

"第十八条　施工起重机械和整体提升脚手架、模板等自升式架设设施的使用达到国家规定的检验检测期限的，必须经具有专业资质的检验检测机构检测。经检测不合格的，不得继续使用。"

"第二十五条　垂直运输机械作业人员、安装拆卸工、爆破作业人员、起重信号工、登高架设作业人员等特种作业人员，必须按照国家有关规定经过专门的安全作业培训，并取得特种作业操作资格证书后，方可上岗作业。”

“第二十七条　建设工程施工前，施工单位负责项目管理的技术人员应当对有关安全施工的技术要求向施工作业班组、作业人员作出详细说明，并由双方签字确认。

第二十八条　施工单位应当在施工现场入口处、施工起重机械、临时用电设施、脚手架、出入通道口、楼梯口、电梯井口、孔洞口、桥梁口、隧道口、基坑边沿、爆破物及有害危险气体和液体存放处等危险部位，设置明显的安全警示标志。安全警示标志必须符合国家标准。

施工单位应当根据不同施工阶段和周围环境及季节、气候的变化，在施工现场采取相应的安全施工措施。施工现场暂时停止施工的，施工单位应当做好现场防护，所需费用由责任方承担，或者按照合同约定执行。

第二十九条　施工单位应当将施工现场的办公、生活区与作业区分开设置，并保持安全距离；办公、生活区的选址应当符合安全性要求。职工的膳食、饮水、休息场所等应当符合卫生标准。施工单位不得在尚未竣工的建筑物内设置员工集体宿舍。

施工现场临时搭建的建筑物应当符合安全使用要求。施工现场使用的装配式活动房屋应当具有产品合格证。”

“第三十二条　施工单位应当向作业人员提供安全防护用具和安全防护服装，并书面告知危险岗位的操作规程和违章操作的危害。

作业人员有权对施工现场的作业条件、作业程序和作业方式中存在的安全问题提出批评、检举和控告，有权拒绝违章指挥和强令冒险作业。

在施工中发生危及人身安全的紧急情况时，作业人员有权立即停止作业或者在采取必要的应急措施后撤离危险区域。

第三十三条　作业人员应当遵守安全施工的强制性标准、规章制度和操作规程，正确使用安全防护用具、机械设备等。”

“第三十六条　施工单位的主要负责人、项目负责人、专职安全生产管理人员应当经建设行政主管部门或者其他有关部门考核合格后方可任职。

施工单位应当对管理人员和作业人员每年至少进行一次安全生产教育培训，其教育培训情况记入个人工作档案。安全生产教育培训考核不合格的人员，不得上岗。

第三十七条　作业人员进入新的岗位或者新的施工现场前，应当接受安全生产教育培训。未经教育培训或者教育培训考核不合格的人员，不得上岗作业。

施工单位在采用新技术、新工艺、新设备、新材料时，应当对作业人员进行相应的安全生产教育培训。

第三十八条　施工单位应当为施工现场从事危险作业的人员办理意外伤害保险。

意外伤害保险费由施工单位支付。实行施工总承包的，由总承包单位支付意外伤害保险费。意外伤害保险期限自建设工程开工之日起至竣工验收合格止。”

五、《工伤保险条例》(摘录)

“第二条　中华人民共和国境内的企业、事业单位、社会团体、民办非企业单位、基金会、律师事务所、会计师事务所等组织和有雇工的个体工商户(以下称用人单位)应当依照本条例规定参加工伤保险，为本单位全部职工或者雇工(以下称职工)缴纳工伤保险费。

中华人民共和国境内的企业、事业单位、社会团体、民办非企业单位、基金会、律师事务所、会计师事务所等组织的职工和个体工商户的雇工，均有依照本条例的规定享受工伤保险待遇的权利。”

“第十条　用人单位应当按时缴纳工伤保险费。职工个人不缴纳工伤保险费。

用人单位缴纳工伤保险费的数额为本单位职工工资总额乘以单位缴费费率之积。

对难以按照工资总额缴纳工伤保险费的行业，其缴纳工伤保险费的具体方式，由国务院社会保险行政部门规定。”

“第二十一条　职工发生工伤，经治疗伤情相对稳定后存在残疾、影响劳动能力的，应当进行劳动能力鉴定。”

第三节　建筑工人的安全生产法律权利

1. 签订劳动合同的权利

《中华人民共和国安全生产法》的相关规定：

“第五十二条　生产经营单位与从业人员订立的劳动合同，应当载明有关保障从业人员劳动安全、防止职业危害的事项，以及依法为从业人员办理工伤保险的事项。

生产经营单位不得以任何形式与从业人员订立协议，免除或者减轻其对从业人员因生产安全事故伤亡依法应承担的责任。”

“第六十一条　生产经营单位使用被派遣劳动者的，被派遣劳动者享有本法规定的从业人员的权利，并应当履行本法规定的从业人员的义务。”

2. 安全生产知情权

《中华人民共和国安全生产法》的相关规定：

“第五十三条　生产经营单位的从业人员有权了解其作业场所和工作岗位存在的危险因素、防范措施及事故应急措施，有权对本单位的安全生产工作提出建议。”

3. 批评、检举、控告权

《中华人民共和国安全生产法》的相关规定：

“第五十四条　从业人员有权对本单位安全生产工作中存在的问题提出批评、检举、控告；有权拒绝违章指挥和强令冒险作业。

生产经营单位不得因从业人员对本单位安全生产工作提出批评、检举、控告或者拒绝违章指挥、强令冒险作业而降低其工资、福利等待遇或者解除与其订立的劳动合同。”

《中华人民共和国建筑法》的相关规定：

“第四十七条　建筑施工企业和作业人员在施工过程中，应当遵守有关安全生产的法律、法规和建筑行业安全规章、规程，不得违章指挥或者违章作业。作业人员有权对影响人身健康的作业程序和作业条件提出改进意见，有权获得安全生产所需的防护用品。作业人员对危及生命安全和人身健康的行为有权提出批评、检举和控告。”

4. 拒绝违章指挥和强令冒险作业权

《中华人民共和国建筑法》的相关规定：

“第七十一条　建筑施工企业违反本法规定，对建筑安全事故隐患不采取措施予以消除的，责令改正，可以处以罚款；情节严重的，责令停业整顿，降低资质等级或者吊销资质证书；构成犯罪的，依法追究刑事责任。

建筑施工企业的管理人员违章指挥、强令职工冒险作业，因而发生重大伤亡事故或者造成其他严重后果的，依法追究刑事责任。”

5. 危险情况下的紧急避险权

《中华人民共和国安全生产法》的相关规定：

“第五十五条　从业人员发现直接危及人身安全的紧急情况时，有权停止作业或者在采取可能的应急措施后撤离作业场所。

生产经营单位不得因从业人员在前款紧急情况下停止作业或者采取紧急撤离措施而降低其工资、福利等待遇或者解除与其订立的劳动合同。”

“第五十九条　从业人员发现事故隐患或者其他不安全因素，应当立即向现场安全生产管理人员或者本单位负责人报告；接到报告的人员应当及时予以处理。”

6. 享有工伤保险和获得伤亡赔偿权

《中华人民共和国安全生产法》的相关规定：

“第五十六条　生产经营单位发生生产安全事故后，应当及时采取措施救治有关人员。

因生产安全事故受到损害的从业人员，除依法享有工伤保险外，依照有关民事法律尚有获得赔偿的权利的，有权提出赔偿要求。”

7. 有佩戴使用防护用品权

《中华人民共和国安全生产法》的相关规定：

“第五十七条　从业人员在作业过程中，应当严格落实岗位安全责任，遵守本单位的安全生产规章制度和操作规程，服从管理，正确佩戴和使用劳动防护用品。”

《中华人民共和国建筑法》的相关规定：

“第四十七条　建筑施工企业和作业人员在施工过程中，应当遵守有关安全生产的法律、法规和建筑行业安全规章、规程，不得违章指挥或者违章作业。作业人员有权对影响人身健康的作业程序和作业条件提出改进意见，有权获得安全生产所需的防护用品。作业人员对危及生命安全和人身健康的行为有权提出批评、检举和控告。”

第四节　建筑工人的安全生产法律义务

1. 接受安全教育和培训

安全素质是人们的安全意识、安全知识和安全技能的总和。随着建筑行业的规模不断扩大，建筑企业对建筑工人的安全素质要求越来越高。建筑工人的安全意识和安全技能的高低，直接关系到建筑产品的安全可靠性。

现代从事建筑施工的建筑工人，需要具备系统的安全知识、熟练的安全技能。因此要求建筑工人有义务接受本行业的安全生产教育和培训，掌握本职工作所需的安全生产知识，提高安全生产技能，增强事故预防和应急处理能力。

《中华人民共和国安全生产法》的相关规定：

"第二十八条　生产经营单位使用被派遣劳动者的，应当将被派遣劳动者纳入本单位从业人员统一管理，对被派遣劳动者进行岗位安全操作规程和安全操作技能的教育和培训。劳务派遣单位应当对被派遣劳动者进行必要的安全生产教育和培训。

生产经营单位接收中等职业学校、高等学校学生实习的，应当对实习学生进行相应的安全生产教育和培训，提供必要的劳动防护用品。学校应当协助生产经营单位对实习学生进行安全生产教育和培训。

生产经营单位应当建立安全生产教育和培训档案，如实记录安全生产教育和培训的时间、内容、参加人员以及考核结果等情况。"

"第五十八条　从业人员应当接受安全生产教育和培训，掌握本职工作所需的安全生产知识，提高安全生产技能，增强事故预防和应急处理能力。"

2. 遵守现场管理制度和操作规程

在建筑施工过程中涉及大量人员的活动、设备材料的使用和工艺的施用。为保证施工的顺利进行，根据相关法律、法规的规定，工程项目部必须制定安全生产规章制度和操作规程。职工必须严格依照这些规章制度和操作规程进行施工作业。事实证明，职工违反规章制度和操作规程的违规作业，是导致生产安全事故发生的主要原因。

《中华人民共和国安全生产法》的相关规定：

“第五十七条　从业人员在作业过程中，应当严格落实岗位安全责任，遵守本单位的安全生产规章制度和操作规程，服从管理，正确佩戴和使用劳动防护用品。”

《中华人民共和国建筑法》的相关规定：

“第四十七条　建筑施工企业和作业人员在施工过程中，应当遵守有关安全生产的法律、法规和建筑行业安全规章、规程，不得违章指挥或者违章作业。作业人员有权对影响人身健康的作业程序和作业条件提出改进意见，有权获得安全生产所需的防护用品。作业人员对危及生命安全和人身健康的行为有权提出批评、检举和控告。”

3. 发现事故及时报告

职工是施工作业的实施者，是接触事故隐患和不安全因素的第一当事人。许多生产安全事故都是由于职工在作业现场发现事故隐患和不安全因素后，没有及时报告，延误了紧急处理的时机，以致发生重大乃至特大事故。

《中华人民共和国安全生产法》的相关规定：

“第五十九条　从业人员发现事故隐患或者其他不安全因素，应当立即向现场安全生产管理人员或者本单位负责人报告；接到报告的人员应当及时予以处理。”

第二章　特种作业人员管理制度

一、特种作业的概念

特种作业是指容易发生人员伤亡事故，对操作者本人及他人和周围设施的安全有重大危害的作业。

二、特种作业人员管理制度

住房和城乡建设部于2008年颁发的《建筑施工特种作业人员管理规定》对特种作业人员的管理做出了严格的规定，摘录如下：

“第三条　建筑施工特种作业包括：

（一）建筑电工；

（二）建筑架子工；

（三）建筑起重信号司索工；

（四）建筑起重机械司机；

（五）建筑起重机械安装拆卸工；

（六）高处作业吊篮安装拆卸工；

（七）经省级以上人民政府建设主管部门认定的其他特种作业。

第四条　建筑施工特种作业人员必须经建设主管部门考核合格，取得建筑施工特种作业人员操作资格证书（以下简称‘资格证书’)，方可上岗从事相应作业。”

“第八条　申请从事建筑施工特种作业的人员，应当具备下列基本条件：

（一）年满18周岁且符合相关工种规定的年龄要求；

（二）经医院体检合格且无妨碍从事相应特种作业的疾病和生理缺陷；

（三）初中及以上学历；

（四）符合相应特种作业需要的其他条件。

第九条　符合本规定第八条规定的人员应当向本人户籍所在地或者从业所在地考核发证机关提出申请，并提交相关证明材料。

第十条　考核发证机关应当自收到申请人提交的申请材料之日起5个工作日内依法作出受理或者不予受理决定。

对于受理的申请，考核发证机关应当及时向申请人核发准考证。

第十一条　建筑施工特种作业人员的考核内容应当包括安全技术理论和实际操作。

考核大纲由国务院建设主管部门制定。”

“第十五条　持有资格证书的人员，应当受聘于建筑施工企业或者建筑起重机械出租单位（以下简称用人单位），方可从事相应的特种作业。

第十六条　用人单位对于首次取得资格证书的人员，应当在其正式上岗前安排不少于3个月的实习操作。

第十七条　建筑施工特种作业人员应当严格按照安全技术标准、规范和规程进行作业，正确佩戴和使用安全防护用品，并按规定对作业工具和设备进行维护保养。

建筑施工特种作业人员应当参加年度安全教育培训或者继续教育，每年不得少于24小时。

第十八条 在施工中发生危及人身安全的紧急情况时，建筑施工特种作业人员有权立即停止作业或者撤离危险区域，并向施工现场专职安全生产管理人员和项目负责人报告。

第十九条 用人单位应当履行下列职责：

（一）与持有效资格证书的特种作业人员订立劳动合同；

（二）制定并落实本单位特种作业安全操作规程和有关安全管理制度；

（三）书面告知特种作业人员违章操作的危害；

（四）向特种作业人员提供齐全、合格的安全防护用品和安全的作业条件；

（五）按规定组织特种作业人员参加年度安全教育培训或者继续教育，培训时间不少于24小时；

（六）建立本单位特种作业人员管理档案；

（七）查处特种作业人员违章行为并记录在档；

（八）法律法规及有关规定明确的其他职责。

第二十条 任何单位和个人不得非法涂改、倒卖、出租、出借或者以其他形式转让资格证书。

第二十一条 建筑施工特种作业人员变动工作单位，任何单位和个人不得以任何理由非法扣押其资格证书。

第二十二条 资格证书有效期为两年。有效期满需要延期的，建筑施工特种作业人员应当于期满前 3 个月内向原考核发证机关申请办理延期复核手续。延期复核合格的，资格证书有效期延期 2 年。

第二十三条 建筑施工特种作业人员申请延期复核，应当提交下列材料：

（一）身份证（原件和复印件）；

（二）体检合格证明；

（三）年度安全教育培训证明或者继续教育证明；

（四）用人单位出具的特种作业人员管理档案记录；

（五）考核发证机关规定提交的其他资料。

第二十四条　建筑施工特种作业人员在资格证书有效期内，有下列情形之一的，延期复核结果为不合格：

（一）超过相关工种规定年龄要求的；

（二）身体健康状况不再适应相应特种作业岗位的；

（三）对生产安全事故负有责任的；

（四）2年内违章操作记录达3次（含3次）以上的；

（五）未按规定参加年度安全教育培训或者继续教育的；

（六）考核发证机关规定的其他情形。”

三、施工作业人员职业道德规范

（1）苦练硬功，扎实工作。

刻苦钻研技术，熟练掌握本工种的基本技能，努力学习和运用先进的施工方法。热爱本职工作，精心操作。

（2）精心施工，确保质量。

严格按照设计图纸和技术规范操作，坚持自检、互检、交接检查制度，确保工程质量。

（3）严格操作，杜绝违章。

树立安全生产意识，严格执行安全操作规程，杜绝一切违章作业现象。维护施工现场整洁，不乱倒垃圾，做到“工完场清”。

（4）遵章守纪，维护公德。

争做文明职工，不断提高文化素质和道德修养；遵守各项规章制度；发扬主人翁精神，维护国家利益和集体荣誉，服从上级领导和有关部门的管理，争做文明职工。

四、从业人员进入施工现场的权利和义务

（1）从业人员有获得签订劳动合同、享有工伤保险的权利；也有履行劳动合同、反思事故教训和提高安全意识的义务。

（2）从业人员有接受安全生产教育和培训的权利；也有掌握本职工作所必需的安全生产知识和技能的义务。

（3）从业人员有获得国家规定的劳动防护用品的权利；也有正确佩戴和使用劳动防护用品的义务。

（4）从业人员有了解施工现场及工作岗位存在的危险因素、防范措施及施工应急措施的权利；也有相互关心、帮助他人了解安全生产状况的义务。

（5）从业人员有对安全生产工作的建议权和及时撤离危险场所的权利；也有尊重、听从他人合理建议和服从现场统一指挥的义务。

（6）从业人员有对违章指挥和强令冒险作业的拒绝权；也有遵章守纪、不违章作业、服从正确管理的义务。

（7）从业人员有对安全生产工作提出批评、检举、控告的权利；也有接受管理人员及相关部门真诚批评、善意劝告、合理处分的义务。

（8）从业人员在施工中发生危及人身安全的紧急情况时，有权立即停止作业或者在采取必要的应急措施后撤离危险区域；也有及时向本单位或项目部安全生产管理人员或主要负责人报告的义务。

（9）从业人员在工作中发生事故时，有获得及时救治、工伤社会保险及意外伤害保险的权利；也有反思事故教训、提高安全意识的义务。

五、安全教育制度

（1）新进场或转场的从业人员必须经过公司级、项目级、班组

级三级安全教育培训，经考核合格后方可上岗。

（2）从业人员每年至少接受一次安全生产教育培训，教育培训和考核情况统一归档管理。

（3）遇有季节性施工、节假日后、待工复工或变换工种的情况，从业人员也必须接受相关的安全生产教育或培训。

六、持证上岗制度

建筑电工、电气焊工、登高架设作业人员、建筑起重信号司索工、建筑起重机械安装拆卸工、建筑塔式起重机械司机、高处作业吊篮安装拆卸工等特种作业人员，必须持有政府主管部门颁发的“特种作业操作资格证书”方可上岗。

七、安全交底制度

施工作业人员必须接受工程技术人员书面的安全技术交底，并履行签字手续，同时参加班前安全活动。

八、设备安全管理制度

（1）不得随意拆卸或改变机械设备的防护罩。

（2）施工作业人员无证不得操作特种机械设备。

（3）不得随意拆改各类安全防护设施（如防护栏杆、防护门、预留洞口盖板等）。

九、用电安全基本制度

（1）不得私自乱拉乱接电源线，应由专职电工安装操作。

（2）不得随意接长手持、移动电动工具的电源线或更换其插头。

（3）禁止在电线上挂晒衣物。

（4）发生意外触电事故时，应当在立即切断电源后进行急救。

（5）施工现场禁止使用明插座或线轴盘。

十、防火安全一般常识

（1）必须在施工现场的指定区域吸烟，其他区域严禁吸烟。

（2）禁止在宿舍内使用煤油炉、液化气炉以及电炉、电热棒、电饭锅、电炒锅、电热毯等电器。

（3）发现火情及时报告。

十一、文明行为

（1）进入工地时的着装应整洁；必须佩戴工作卡。

（2）保持作业场所整洁，要做到“工完料净，场地清”，不能随意抛撒物料；物料要堆放整齐。

（3）施工现场内禁止嬉戏打闹；严禁酒后进入施工现场。

（4）施工现场内严禁焚烧各类废弃物。

十二、事故报告制度

施工现场发生了生产安全事故应立即向管理人员报告，并在管理人员的指挥下积极参与抢救受伤人员。

十三、卫生与健康常识

（1）注意饮食卫生，不吃变质饭食；应喝开水，不要喝生水。

（2）讲究个人卫生，勤洗澡，勤换衣服。

（3）身体不适或生病时应及时就医，不要带病工作。

（4）宿舍被褥应叠放整齐，个人用具按次序摆放，保持室内、室外环境整洁。

（5）员工应注意劳逸结合，积极参加健康的文体活动。

第三章　建筑施工安全事故

第一节　建筑施工意外事故及预防

一、意外事故的伤害类型

1. 物体打击造成的伤害

（1）在高空作业中，工具零件、砖瓦、木块等物从高处掉落造成的伤害。

（2）人为乱扔废物、杂物造成的伤害。

（3）起重吊装物品掉落造成的伤害。

（4）设备“带病”运转造成的伤害。

（5）设备运转中违章操作造成的伤害。

（6）压力容器爆炸的飞出物造成的伤害。

（7）触及固定或运动中的硬物、反弹物造成的伤害。

2. 高处坠落造成的伤害

（1）从洞口、楼梯口、电梯口、天井口和坑口坠落造成的伤害。

（2）从脚手架或垂直运输设施上坠落造成的伤害。

（3）从楼面、屋顶、高台边缘坠落造成的伤害。

（4）从机械设备上坠落造成的伤害。

（5）因滑跌、踩空、拖带、碰撞、翘翻、失衡等造成的伤害。

3. 机械事故造成的伤害

（1）机械工作中的钻、刨、削、钢、击、撞、挤、砸、轧等操作造成的伤害。

（2）因机械安全保护设施欠缺、失灵和违章操作所引起的伤害。

（3）机械失稳和倾翻事故造成的伤害。

（4）机械部件飞出造成的伤害。

（5）滑入、误入机械容器和运转部分造成的伤害。

4. 起重作业造成的伤害

（1）操作失控、违章操作和载人事故造成的伤害。

（2）起重机械设备的折臂、断绳、失稳、倾翻事故造成的伤害。

（3）吊物失衡、脱钩、倾翻、变形和折断事故造成的伤害。

（4）加固、翻身、支撑、临时固定等措施不当造成的伤害。

（5）起重作业中出现的砸、碰、撞、挤、压、拖作用造成的伤害。

5. 触电造成的伤害

（1）带电电线（缆）断头、破口的触电造成的伤害。

（2）电动设备漏电造成的伤害。

（3）起重机械臂杆或其他导电物体搭碰高压线事故造成的伤害。

（4）电闸箱、控制箱漏电和误触造成的伤害。

（5）拖带电线机具电线绞断、破皮造成的伤害。

（6）雷击造成的伤害。

（7）挖掘作业损坏埋地电缆造成的伤害。

（8）强力的自然因素致电线断裂造成的伤害。

6. 坍塌造成的伤害

（1）支撑物不牢引起其上物体的坍塌造成的伤害。

（2）脚手架、井架、支撑架的倾倒和坍塌造成的伤害。

（3）堆置物的坍塌造成的伤害。

（4）施工临时设施的坍塌造成的伤害。

（5）施工中的建（构）筑物的坍塌造成的伤害。

（6）强力自然因素引起的坍塌造成的伤害。

7. 火灾造成的伤害

（1）违章用火和乱扔烟头引起的火灾造成的伤害。

（2）电器和电线着火引起的火灾造成的伤害。

（3）电焊和气焊作业时引燃易燃物引起的火灾造成的伤害。

（4）雷击引起的火灾造成的伤害。

（5）爆炸引起的火灾造成的伤害。

（6）自燃和其他因素引起的火灾造成的伤害。

8. 爆炸事故造成的伤害

（1）施工中电火花和其他明火引燃易爆物事故造成的伤害。

（2）在生产中的工厂进行施工中出现的爆炸事故造成的伤害。

（3）高压作业中的爆炸事故造成的伤害。

（4）乙炔罐回火爆炸事故造成的伤害。

（5）工程爆破措施不当引起的爆破事故造成的伤害。

（6）雷管、火药和其他易燃易爆物，保管不当引起的爆炸事故造成的伤害。

9. 中毒和窒息的伤害

（1）炎夏和高温场所作业中暑伤害。

（2）沥青中毒伤害。

（3）一氧化碳中毒、窒息伤害。

（4）亚硝酸钠中毒伤害。

（5）煤气、油气等引起的伤害。

（6）其他化学品中毒造成的伤害。

10. 其他伤害

（1）从事不适宜身体机能的作业造成的伤害。

（2）钉子扎脚和其他扎伤、刺伤造成的伤害。

（3）拉伤、扭伤、跌伤、碰伤造成的伤害。

（4）烫伤、灼伤、冻伤、干裂造成的伤害。

（5）溺水和涉水作业造成的伤害。

（6）高压（水、气）作业造成的伤害。

（7）在恶劣环境下从事不适宜的作业造成的伤害。

（8）疲劳作业和其他自持力变弱情况下进行的作业造成的伤害。

（9）其他意外事故造成的伤害。

二、意外事故发生的根本原因

1. 不安全状态的表现形式

不安全状态是指存在有起因物和致害物，或者能促使起因物和致害物起作用的状态，其表现形式有：

（1）施工现场的不安全状态。

1）施工现场各区域功能安排混乱、交叉混用频繁，材料设备乱堆乱放，施工垃圾堆积。

2）施工现场四周无可靠的封闭围护，非施工人员可以自由出入。

3）场内无符合要求的消防设施、水源、道路和场地。

4）场内供电电源和临电线路的设置不符合安全规定。

5）施工吊运作业和高空落物影响范围内有居民住宅、施工生产场地和通道。

6）场地严重不平，有较多施工障碍物。

7）场地低洼，无有效排水措施。

8）场内存放有易燃材料和爆炸材料，却无符合规定的保管条件（专用库房、危险品库房、灭火器材等）。

9）场内无符合要求的运输道路、机械作业场地和材料设备存放场地。

10）场内有仍在使用中的架空高压电线和其他线路。

11）场内有仍在使用中的市政管线（电缆、上下水道、煤气管线等）。

（2）模板工程、钢筋工程、混凝土工程施工中的不安全状态。

1）长钢筋、弯折钢筋在水平运输、垂直运输和装卸过程中存在拖地、扯拉、摆动、反弹、交织或散捆等情况。

2）模板支撑架的整体刚度、承载能力、整体稳定性不够或支撑物的承受能力不够。

3）混凝土浇筑不均衡，对模板和支撑架造成过大的集中荷载、偏心荷载、冲击荷载或侧压力。

4）模板立式存放的稳固和支撑措施不符合要求。

5）模板、背楞、支撑杆件和连件的材质和安装质量不合格。

6）在混凝土未达到规定的强度前，过早拆除支撑和模板。

7）竖立起的未予拉结或支撑的大块模板。

8）大片整体撬动拆除楼板的底模板。

（3）脚手架和垂直运输的设置与使用中的不安全状态。

1）脚手架的作业层数、使用荷载超过规定或使用脚手架进行超重构件的人工安装作业。

2）井架、龙门架的料盒（或料笼）未做到安全封闭，未设安全门（进出口）、限位、停层等安全保险装置；施工升降机的安全保险装置失灵。

3）脚手板、斜道板上无防滑措施，作业架面上只铺一块脚手板或散铺脚手板以及有探头板。

4）搭设脚手架未及时设置连墙件或临时拉结；拆除时过早拆掉连墙件，已松开连接的杆件未及时取下。

5）材料容器（料斗、砖笼等）的结构和启闭装置不合格、吊绳不均衡、索具不牢靠。

6）脚手架在使用中拆除部分构架基本杆件和连墙件而未采取弥补措施或作业过后未及时恢复。

7）脚手架的构造尺寸过大、连墙点设置过少、未按要求设置剪刀撑与其他整体拉结杆件、连墙点以上自由高度过大、基地不实和承载力不够。

8）脚手架立杆垂直度、平杆水平度、节点构造和连接安装不符合规定。

9）脚手架挑支件、撑拉件和挑支构造的制作或安装不符合设计要求。

10）在脚手架上设置模板支撑或缆风绳。

11）井架的多层转运平台或栈架结构未予加强，超载以及与脚手架连成一体。

12）垂直运输设施超载使用或超过其结构承受能力、加设拨杆等多功能设施。

13）脚手架的外侧面未按规定设置栏杆、安全网、半封闭或全封闭围护。

14）地下工程材料的垂直运输采用高陡坡道、溜槽、倾倒或抛掷方式。

（4）起重吊装作业的不安全状态。

1）附着式塔式起重机未按规定设置附着连接；轨道式塔式起

重机的轨道不符合要求，在大风来临前未做可靠固定。

2）履带式和汽车式起重机在停置不稳、支垫不好或停于斜坡上的情况下进行作业。

3）吊具、索具不符合规定，绳控脱钩装置动作受阻。

4）用吊索斜拉方式竖立长、重吊件。

5）吊件的临时加固、支撑和固定措施不当。

6）超载、超限速和超爬杆（倾斜度）吊装。

7）使用不合格的手动起重工具、手扳葫芦的自锁夹钳装置不可靠。

8）采用双机或多机抬吊时，选用的起重机性能不相近、动作不协调。

9）非作业人员进入起重吊装作业现场。

10）起重机作业范围内有架空高压电线。

11）在不符合安全规定要求的天气和照明条件下进行作业。

12）起重机作业完毕后，未按规定要求缩臂落放、制动和加锁。

13）桅杆起重机移动时，绳的收、放动作不协调。

14）安装作业架、台的设置不符合要求，高处作业人员未按规定使用安全防护用品。

15）升板施工时各提升机动作不协调，提升停歇后未及时插钢销固定。

16）大型结构整体吊装提升的同步性控制不好，缆锚设施松紧不一致。

17）整体顶升时各液压千斤顶的动作不一致。

18）钢结构高空拼装时，因螺栓错孔对中不好而强力对孔作业。

19）在未达到规定的强度下进行混凝土构件的运输和吊装作业。

（5）预应力作业的不安全状态。

1）锚具的材质和加工不合格，使用前的逐套查验不认真。

2）张拉设备（拉伸机、高压泵和高压管）不符合施工要求。

3）张拉时未设保护措施和禁入区。

4）在已张拉完毕的裸露预应力筋邻近处进行电焊或其他可能伤及预应力筋的作业。

5）张拉完毕未及时浇筑混凝土、灌浆或封固锚头。

（6）电焊和气焊作业的不安全状态。

1）电焊和气焊作业时，火星飞溅的范围内有易燃物未予清走或加以防火保护。

2）焊机的外露带电部分的绝缘和安全防护不符合要求，焊把线（电缆）绝缘不好或有破皮。

3）氧气瓶阀和减压器泄漏，与高温、明火、其他热源和乙炔罐的距离小于安全规定的距离。

4）乙炔罐（瓶）与用火点的距离小于安全规定的距离。

5）乙炔罐无回火防止器或回火防止器的使用不当。

6）电焊、气焊未按规定使用安全防护用品。

7）在狭小空间、船舱、容器和管道内单人进行电焊、气焊作业，无人轮换和进行安全监护。

（7）高压作业、特种作业和特种工程施工的不安全状态。

1）在有害和可燃气体、缺氧的器内和封闭空间作业，施工前无检测，作业时无防毒、防爆、供氧、通风和救护措施。

2）进行高压容器和管道的压力试验时，无可靠的控压和防爆措施。

3）锅炉和压力容器未按规定的期限和情况进行定期检查或及时检查，进入内部检查时未按规定使用低压防爆灯。

4）锅炉的气压迅速上升，水位升至高限以上或低限以下，给水机械、水位表、安全阀失效，锅炉元件损坏，燃烧设备损坏。

5）沉箱工作室气压控制不好，升降过急。

6）顶进施工时，顶铁两侧有人逗留。

7）气压顶进施工时，带气压打开封板。

8）盾构顶进施工时，在掘削土坠落处站人或出土皮带运输机无防护罩。

9）在气压作业段违反规定使用明火，闸门管理不严。

（8）机械加工和机械作业的不安全状态。

1）木工机械不按规定设置防护罩和安全装置。

2）钢筋冷拉场地未设警戒区和防（围）护。

3）工人进入搅拌机清理时未切断电源、加锁和设专人监护。

4）采用桩机行走或回转来纠正桩的位置。

5）桩机上坡时，桩机重心未移至坡道上方。

6）拔桩力超过桩架的负荷能力。

7）机动翻斗车斗内载人，向基坑卸料时未与坑边保持安全距离。

8）运输车辆在坡道停车时，未将轮胎楔牢。

9）使用夯土机械时，未设专人配合移动拖地电缆。

10）2台以上压路机作业时，未保持安全距离或在坡道上纵队行驶。

11）挖掘机装卸土时，汽车司机未离开驾驶室，或铲斗碰撞汽车。

12）推土机下坡时脱挡滑行或未用低挡行驶。

13）电动施工机具的金属外壳未保护接零（地）和加设漏电保护装置。

（9）工地用电和防火的不安全状态。

1）配电箱、开关箱的设置不符合规定，漏水、无门、无锁，箱内有杂物，开关箱未设置分路开关，在潮湿和有腐蚀介质场所未采用防溅型漏电保护器。

2）过载保护熔体使用代用品。

3）配电屏（盘）、配电箱、开关箱周围堆放杂物或有易燃易爆物，附近有强烈振动、热源烘烤。

4）工地配电线路采用绝缘线；架空线路的架空高度、电线截面和排序不符合规定；埋地敷设深度不够、未加保护覆盖、穿越处未加防护套管；线路敷设采用地面明设。

5）用电设备的保护接零、保护外壳、绝缘电阻等不符合规定。

6）照明采用自耦变压器。

7）工地配电禁入区域、夜间施工危险区域未设红灯警示。

8）工地的防雷电设施不符合要求。

9）工地消火栓和消防器材未定期检查和保持完好。

10）存放气瓶和危险品的仓库不符合防火防爆要求。

（10）季节施工的不安全状态。

1）在大雨、大风和大雪天气到来之前未采取安全防范措施，之后未全面检查和消除其危害和影响。

2）冬季采用火炉加热的作业暖棚没有可靠的防火、防煤气中毒措施。

3）冬季采用火烤解冻气瓶阀门、胶管等设施，夏季气瓶在烈日下暴晒。

4）在雷雨和大风天气下进行爆破作业、露天电焊作业、起重作业和输电线路架设作业。

5）电热法融化冻土施工区域未做安全围护，施工人员未穿绝缘靴进入检查。

6）电热法加热混凝土施工中，导线与电极连接的接触不好，出现虚接（电流过大）或短路。

7）冬季违反规定用电炉或自装电热丝取暖。

（11）拆除工程施工的不安全状态。

1）拆除工程施工时，场内电线和市政管线未予切断或迁移，未设安全警戒区和派人监护。

2）拆除工作中，在作业面上人员过度集中。

3）采用掏挖根部推倒方式拆除工程时，掏挖过深，人员未退出至安全距离以外。

4）在人口稠密和交通要道等地区采用火花起爆拆除建筑物。

2. 人的不安全因素

人的不安全因素是指影响安全的人的因素，即能够使系统发生故障或发生性能不良的事件以及违背设计和安全要求的错误行为。人的不安全因素可分为个人的不安全因素和人的不安全行为两个大类。

（1）个人的不安全因素。

个人的不安全因素是指人员的心理、生理、能力上所具有的不能适应工作、作业岗位要求的影响安全的因素。

1）心理上的不安全因素指人在心理上具有影响安全的性格、气质和情绪（如急躁、懒散、粗心等）。

2）生理上的不安全因素：

①视觉、听觉等感觉器官不能适应工作、作业岗位的要求因素。

②体能不能适应工作、作业岗位的要求因素。

③年龄不能适应工作、作业岗位的要求因素。

④有不适合工作、作业岗位要求的疾病。

⑤疲劳和酒醉或刚睡过觉，感官和行为迟钝。

3）能力上的不安全因素指知识技能、应变能力、资格等不能适应工作和作业岗位要求的影响因素。

（2）人的不安全行为。

人的不安全行为是指能造成事故的人的失误或错误。

不安全行为表现形式是指违章指挥、违章作业、违反劳动纪律以及其他可能引发和招致安全意外事件和伤害事故出现的行为。

1）违反上岗人员身体条件的规定，常见不安全行为的表现形式如下：

①患有不适合从事高空、井下和其他施工作业相应的疾病，如精神病、高血压、心脏病、癫痫病等。

②未经过严格的身体检查，不具备从事高空、井下、高温、高压、水下等相应施工作业规定的身体条件。

③疲劳作业和带病作业。

④妇女在经期、孕期、哺乳期从事禁止和不适合的作业。

⑤未成年工从事禁止和不适合的作业。

2）不按规定使用安全防护用品，常见不安全行为的表现形式如下：

①进入施工现场不戴安全帽、不穿安全鞋。

②高空作业不佩戴安全带或挂置不可靠。

③在雨天、潮湿环境进行高压电气作业时，不使用绝缘防护用品。

④电焊、气焊作业不使用电焊帽、电焊手套、防护镜。

⑤进入有易燃气体环境作业不使用防爆灯。

⑥进入有毒气环境作业，不使用防毒用品。

⑦其他不使用相应作业安全防护用品的情况。

3）违反上岗规定，常见不安全行为的表现形式如下：

①无证人员进行取证岗位作业。

②非定机、定岗人员擅自操作。

③单人在无人辅助、轮换和监护的情况下，进行高、深、重、险等不安全作业。

④单人操作带线电动工具设备，无人辅助拖线。

⑤在无人监管电闸情况下，从事检修、调试高压电气设备作业。

4）违章指挥，常见不安全行为的表现形式如下：

①在有关进行作业的条件还没有达到规范、设计与施工措施要求的情况下，组织和指挥施工。

②在出现不能保证安全的天气变化和其他情况时，坚持进行施工作业。

③在安全设施不合格、工人未使用安全保护用品或其他安全措施不落实的情况下，强行组织和指挥施工。

④已发现安全隐患或已出现不安全征兆，在未消除隐患和排除险情的情况下，指挥冒险施工。

⑤违反施工技术措施规定的指挥，包括修改、降低和取消某些规定、改变作业程序、插入其他作业，而未经措施编制人员和主管部门的同意、批准。

⑥违反相关规范规定的指挥，包括修改、降低和取消某些规定内容，而没有得到上级主管部门的批准。

⑦在施工中出现意外情况时，做出了导致出现安全事故或扩大事故伤害程度的错误决定。

⑧在技术人员、工人和其他人员提出涉及施工安全的意见和建议时，未予重视并做出相应的处置，以不负责任的态度继续指挥施工。

5）违章作业，常见不安全行为的表现形式如下：

①违反程序规定进行作业。

②违反操作规定，造成安全装置失效。

③在吊装物下方作业、停留。

④在机器运转时进行检查、维修、保养等作业。

⑤攀、坐不安全的位置。

⑥冒险进入危险场所。

⑦违反安全防护规定的作业。

⑧在不具备安全作业条件（无架子或架子不合格、无可靠防护设施等）下进行作业。

⑨使用带病机械、工具和设备进行作业。

⑩违反爆炸、防毒、防触电和防火规定的作业。

⑪物体存放不当。

⑫在已发现有安全隐患或安全事故征兆的情况下，未经处理解决，继续进行作业。

⑬手代替工具操作。

⑭对易燃、易爆等危险品处理错误。

6）缺乏自我保护意识，常见不安全行为的表现形式：

①忽视安全、忽视警告。

②注意力分散。

③缺乏警惕性，误扶不可靠物，误踏入“四口”（楼梯口、电梯口、预留洞口和出入口）、误碰致伤物、误触带电物、误食毒物、误闻有毒气体以及其他造成滑、跌、闪失和坠落的行为。

④在作业中出现的工具脱手、物品飞溅掉落、碰撞和拖拉他人等行为。

⑤出现险情时，不及时通知他人（以便共同脱险）的行为。

⑥在前道工序中为后续工序留下安全隐患而未予解决或转告下道工序作业要注意的行为。

⑦不安全的装束。

三、意外事故的预防

绝大多数意外事故是由人为的不安全因素造成的，是在人的能力范围内可以预防的。

1. 意外事故的预防原则

为了实现安全生产，预防意外事故的发生必须要有全面的综合性措施，实现系统安全、预防事故和控制受害程度的具体原则大致如下：

（1）消除潜在危险的原则。

（2）降低和控制潜在危险数值的原则。

（3）提高安全系数，增加安全余量的坚固原则。

（4）闭锁的原则（自动放置故障的互锁原则）。

（5）代替作业者的原则。

（6）屏障的原则。

（7）距离防护的原则。

（8）时间防护的原则。

（9）薄弱环节的原则（损失最小化原则）。

（10）警告和禁止信息的原则。

（11）个人防护的原则。

（12）不予接近的原则。

（13）避难、生存和救护的原则。

2. 意外事故的预防措施

意外事故预防，就是要消除人和物的不安全因素，实现作业行为和作业条件安全化。

（1）消除人的不安全行为，实现作业行为安全化。

1）开展安全思想教育和安全规章制度教育。

2）进行安全知识岗位培训，提高职工的安全技术素质。

3）严格按照安全操作规程和程序进行各项作业。

4）加强重点要害设备、人员作业的安全管理。

5）注意劳逸结合，使作业工人精力充沛。

（2）消除物的不安全状态，实现作业条件安全化。

1）采取新工艺、新技术、新设备，改善劳动条件。

2）加强安全技术的研究，采用安全防护装置，隔离危险部位。

3）采用安全又适用的个人防护用具。

4）开展安全检查，及时发现不安全隐患并整改。

5）定期对作业条件（环境）进行安全评价，以便采取安全措施，保证符合作业条件的安全要求。

（3）实现安全措施必须加强安全管理。

建立、完善和严格执行安全生产规章制度，开展经常性的安全教育、岗位培训和安全竞赛活动，通过安全检查制定和落实防范措施等安全管理工作，是消除事故隐患，搞好事故预防的基础工作。因此，应当采取有力措施，加强安全施工管理，保障安全生产。

第二节　建筑施工安全隐患及防控

一、施工安全隐患的识别

识别安全隐患有助于防患于未然。施工安全隐患是指可能存在引发事故的问题，它是由事故的起因物与不安全状态、不安全因素所构成的事故的潜伏或萌发状态。

1. 重大施工安全隐患常见表现形式

重大施工安全隐患，就是有可能引发造成重大伤亡和财产损失的施工安全隐患。

（1）建（构）筑物倒塌，其隐患的表现形式。

1）地基、基础下沉。

2）建筑结构开裂。

3）饰面层剥落。

4）整体或局部变形、倾斜。

5）出现异常声响。

（2）围墙、挡土墙和施工临时设施倒塌，其隐患的表现形式。

1）地基、基础下沉。

2）建筑结构开裂。

3）饰面层剥落。

4）整体或局部变形、倾斜。

5）出现异常声响。

6）靠墙堆置砂、石、斜靠构件或承受其他推拉作用。

7）墙体加高、墙顶加载重物。

8）靠近基础并挖土石方。

9）受水浸泡。

（3）基坑、沟槽边坡塌方和山体滑坡，其隐患的表现形式。

1）没有按规定放坡或设置可靠的支撑。

2）土体出现渗水、开裂、剥落。

3）在底部进行掏挖。

4）沟槽内作业人员过多。

5）地面之上无人巡视监护。

6）堆土过高、离坑（槽）边过近。

7）邻近坑槽有影响土体稳定的施工作业。

8）离现有建筑过近，其间土体不稳定。

（4）深基坑内支护结构破坏，其隐患的表现形式。

1）地基、基础下沉。

2）建筑结构开裂。

3）饰面层剥落。

4）整体或局部变形、倾斜。

5）出现异常声响。

6）施工要求和施工程序改变。

（5）梁板楼（屋）盖模板支撑架整体坍（倒）塌，其隐患的表现形式。

1）地基、基础下沉。

2）整体或局部变形、倾斜。

3）出现异常声响。

4）杆件的间距或步距过大。

5）未按规定要求设置斜杆、剪刀撑和扫地杆。

6）构架的节点（杆件交汇）构造和连接的紧固程度不符合要求。

7）主梁和荷载显著加大部位的构架未加密、加强。

8）高支撑架未设置加强的水平结构层。

9）大荷载部位的扣件指标数值不够（其抗滑力小于所受的集中力）。

10）混凝土浇筑方案使支撑架受力不均衡，产生显著超过设计的集中、偏心和冲击荷载。

（6）脚手架、转运栈桥架和受料架坍（倒）塌，其隐患的表现形式。

1）地基、基础下沉。

2）墙体或局部变形、倾斜。

3）出现异常声响。

4）未按规定要求设置斜杆、剪刀撑和扫地杆。

5）构架的节点（杆件交汇）构造和连接的紧固程度不符合要求。

6）脚手架未按规定要求设置连墙件。

7）栈桥架、受料架与脚手架未在构造上断开。

8）作业层数和上架人员超过设计规定，作业人员过量集中。

9）搭设或拆除架子时违反规定程序，未及时设置连墙件、剪刀撑、抛撑或过早拆除连墙件，使架体不稳。

10）在架上超量堆置材料。

11）利用脚手架支撑模板或拴结缆绳。

12）在脚手架上进行超重安装作业（如人工安装起重构件）。

13）立杆基地不均匀沉降。

14）立杆底部未按规定设置底座和垫板（木）。

15）脚手架上部的悬臂高度超过规定。

16）在使用中任意拆去结构杆件和拉结固定。

17）使用不合格的杆配件。

18）过阳台处使用单排架构造，削弱构架的整体性能。

19）未经严格设计，任意混用普通碳钢和低合金钢管杆件。

（7）塔吊、物料提升架和大型设备倾覆，其隐患的表现形式。

1）地基和基础施工不符合设计要求。

2）塔吊轨道施工不符合要求。

3）基础和轨道距基坑（槽）边沿过近（这一边的地基在受载后易失去稳定）。

4）塔吊和物料提升架的安装质量存在问题。

5）塔吊和物料提升架存在产品质量问题或使用前未做严格的检修保养。

6）超载吊运等违章作业和违章操作。

7）塔吊在收工后或大风来临前，未按规定进行固定和采取其他安全保护措施。

8）未对塔吊起重臂、平衡臂回转范围内的建筑物和临时设施作可靠保护。

9）塔吊在“带病”情况下进行安装、作业或拆除（如钢丝绳破损、连接松动、变幅制动器失灵等）工作；大型设备违反稳定状态作业。

（8）载人施工设备坠落，其隐患的表现形式。

1）缺少必要的限控装置和保险装置。

2）限控装置和保险装置装设不当或失灵。

3）梯笼、吊盘、钢丝绳、升降和制动设备带病作业；机外卷扬机操作人员的视线不到（卷扬机离得太近）或被遮挡。

4）自动停层设备失准。

5）严重超载。

6）轨道不直（顺）、受阻或脱轨。

7）拖线（动力电缆）铰结。

8）装运超长、散捆材料。

9）附墙装置构造和安装缺陷。

（9）设备、整体结构和大型构件在吊装中倾覆或坠落，其隐患的表现形式。

1）吊装设备的技术性能不能可靠满足吊装的要求，其负载能力没有足够的安全备量。

2）吊装设备与吊点布置不能完全确保稳定吊装的要求。

3）缆绳和地锚的设置不完全可靠。

4）牵拉就位和吊装整理措施不完全有效。

5）共同作业的各种设备在性能和动作配合上存在不够协调的问题。

6）施工组织、指挥和信息系统不完备，存在薄弱环节。

7）吊装的加固措施存在缺陷。

8）吊装作业架子和设施不完备，不能为工人提供安全作业的良好条件。

9）吊装现场狭窄，或有影响吊装作业安全进行的障碍物。

10）结构拼装质量存在缺陷。

（10）易引发电气和火灾事故的隐患。

1）工地消防设施不符合要求。

2）工地违章动火。

3）施管人员在吸烟室以外的地方吸烟、乱丢烟蒂。

4）电焊、气焊作业无防护火花飞溅措施。

5）易燃品（物）未妥善存放和管理。

6）工地内乱架电线和使用破旧电箱。

7）电源箱、电闸箱敞露，无人管理。

8）非电工进行电工作业。

9）处于现场的高压线未采取可靠防护措施。

10）电力机械设备无严格的接地、接零和漏电保护。

11）违章进行电气作业和操作。

12）对电线和电气设备的安全状况疏于检查。

（11）易引发中毒和窒息事故的隐患。

1）无严格的饮食卫生管理，食品在采购、加工和储存过程中出现变质。

2）亚硝酸钠等可能误用的化学品管理不善。

3）未对可能存在有毒气体和空气不流通的作业面进行检测后制订相应的通风、使用防毒用品和监护措施。

4）冬施期间施工无防煤气中毒措施。

2. 一般施工安全隐患的常见表现形式

（1）现场和施工条件方面隐患的表现形式。

1）工地未按规定设置周边围挡和实行封闭管理。

2）工地无安全工作宣传和警示标牌设置以及安全工作氛围。

3）场地不平、排水不平、排水不畅、道路不硬。

4）临街施工未设工程外围全封闭挡墙、防护棚（安全通道）。

5）对场地内有安全隐患的高压线和地下管线未做妥善的安全保护。

6）施工总平面安排混乱，作业区、材料堆放加工场地、办公区和生活区未能有效分开。

7）无符合规定的消防设施或达不到良好有效要求。

8）对周边相邻建筑和设施未进行可靠的安全保证。

9）材料堆放零乱，无稳固支垫、堆置过高和无可靠支撑。

10）晚间施工照明不足。

11）无严格防止扰民规定和避免相应纠纷引起干扰施工正常进行的措施。

12）施工用动力和照明电线布置紊乱，易受碰、刮。

13）场内无环形道路，车辆进出不畅。

14）场内无消防水源，消防车难以到达需要地点。

（2）施工组织和安排方面隐患的表现形式。

1）无稳定的项目管理机构和施工队伍，施工管理人员多变，难以建立起具有连续性的、有力的安全管理。

2）没有健全的安全生产制度，安全生产责任制不落实。

3）不按正常的、安全的程序组织施工，地上地下并进、多层多工种交叉作业，进场人员过多、作业相互影响。

4）安全设施无人监管，在施工中任意拆除、改变。

5）材料的场内运输缺少统一协调，垂直运输和吊运设备超负荷、超强度工作。

6）无限制的抢工、赶工、在施结构过早拆模或撤去支撑，施工安全无保障。

（3）职工健康和安全保护方面隐患的表现形式。

1）不按规定配备和使用“三宝”以及其他专业安全防护用品。

2）不按规定进行可靠的“四口”和临边防护。

3）不按规定实施安全交接班制度。

4）工人从事自身健康条件不允许承担的施工作业。

5）工人食宿条件过差和连续超时工作，甚至疲劳作业。

6）工地无医疗卫生人员，无防暑、降温等保健措施，工人抱病上岗。

7）工人作业条件达不到安全要求，如无合格作业架子、无充足照明、无可靠防护和监护等。

8）工地无必要学习、娱乐以使工人及时恢复体力的条件与安排。

（4）施工措施方面隐患的表现形式。

1）无安全施工技术措施。

2）施工措施中没有对其设计的安全可靠性进行深入考虑。

3）施工措施中没有明确的安全限控要求。

4）施工措施中没有必要的安全保险要求。

5）施工措施中没有全面的安全保护要求。

6）施工措施中没有对过去已发生事故的针对性预防措施。

7）施工安全技术交底工作未履行签字手续和提出落实检查要求。

8）施工措施改变时未相应修改安全要求。

（5）机械使用方面隐患的表现形式。

1）带病机械仍在继续使用。

2）对机械超过其额定性能和保养（小修）、保修（中修、大修）规定的使用。

3）作业条件不符合机械正常工作的要求。

4）机械未按保养（小修）、保修（中修、大修）的要求严格检修和及时更换润滑油、液压油、磨损件及到期件。

5）机械使用超过其允许的连续运转时间或者中间停歇时间不够。

6）机械在其最不利的工作条件和状况下进行满负荷作业。

7）违章操作。

8）无证驾驶和操作。

9）临边、坡道、软土地基、积水地面等危险条件下的机械作业无施工安全措施。

10）机械作业影响区域内有非工作人员通过、逗留或同时进行其他作业。

11）机械的防护罩、保险装置、安全控制装置（系统）、操作系统以及接地、漏电保护等达不到完善和有效。

12）违章指挥和信号、联系手段缺陷。

（6）施工作业和操作方面隐患的表现形式。

1）施工作业和操作的安全要求和岗位职责不明确或不落实。

2）交叉作业和人员聚集作业没有对工作安全的配合要求与规定。

3）上岗不进行安全工作条件检查，收班未进行现场清理和安全善后事项检查。

4）施工中在未经主管部门或负责人同意的情况下，随意改变工程和施工措施设计的规定。

5）违反合理程序的施工作业。

6）违反安全规定的操作。

7）在工程和施工措施中使用不合格的材料、构件和零部件。

8）未严格控制施工荷载，出现总体或局部严重超载。

9）在作业和操作过程中任意拆除结构杆件、拉结固定、施工支撑和安全防护设施。

10）在施工作业中不随时检查安全情况和异常变化的迹象。

（7）安全意识和自我保护方面隐患的表现形式。

1）不按规定使用安全防护用品。

2）无证人员从事有持证上岗要求的工作。

3）单人从事有一定危险性的工作。

4）在没有合格架子和防护的情况下进行高处作业。

5）在工地吸烟和随意动火。

6）上下架子和进出作业面不走安全通道。

7）非电工从事接线和电气维修作业。

8）电焊和气焊作业不遵守防火规定。

9）进行容易引起工具脱手和身体失衡的不当操作。

10）在不安全区域通过和逗留。

11）带病和疲劳上岗。

12）在光线昏暗、空气污浊的环境下进行作业。

13）在进行各种安装和拆除工作时，不注意自身的安全和保护。

14）在作业中随意拆除和撤去安全网、安全罩、防护和保险装置。

15）作业面材料、工具乱堆乱放。

16）在工地嬉闹和在不安全的地方歇息。

17）长时间超时作业。

（8）季节施工和应急处置方面隐患的表现形式。

1）夏季施工无良好的防暑降温措施。

2）无可靠的防风、防雷电、防水、防滑的措施。

3）无异常情况的应急处置措施。

二、强制性制（停）止作业的规定

当出现某种不适于作业安全或对安全作业造成危险的情况

时，应立即强制性地停止作业。这是一种保险措施，必须先保证不出事。每一位现场工作人员都应熟知这些相应的规定。

1. 脚手架工程的强制性制（停）止作业的规定

（1）脚手架有以下杆配件和材料者，禁止使用。

1）油松、杨木、柳木、桦木、椴木和腐朽、折断、枯节等易折木杆。

2）生长期 3 年以下的毛竹，青嫩、枯黄（黑）和有裂纹、虫蛀的竹材。

3）有效小头直径小于 70 mm 的木杆和竹竿。

4）材质低于 Q235（A3）标准的钢管，有明显变形、裂纹、严重锈蚀（出现蚀坑和锈皮）和实际壁厚小于 0.92 标准壁厚的钢管。

5）有锈蚀和轧、折损伤或重复使用的镀锌钢丝或回火钢丝，有霉点、节疤和折痕的竹篾。

6）加工不合格、锈蚀和有裂纹的扣件。

7）有扭纹、破裂和横透疖的木脚手板。

8）不符合设计或规定要求的配件、加工件。

（2）脚手架有以下构架情况者，禁止使用。

1）高度≥2.0 m 时，作业层铺板宽度小于：里脚手架 500 mm，外脚手架 750 mm。

2）立杆纵距和步距＞2.0 m，立杆横距＞1.8 m 而无相应的可靠性验算。

3）连墙件设置数量不够、分布不均匀、上部未设置连墙点的自由高度大于 6 m 而无临时拉撑措施。

4）局部缺少构架结构基本杆件或在使用中任意拆除构架结构基本杆件和连墙件而未采取相应的弥补措施。

5）杆件连接、节点连接紧固不合格。

6）作业层外围未按要求设置栏杆、挡脚板或封闭围护。

7）脚手架与多层转运平台相接处未采取加强构造措施。

8）未按规定设置剪刀撑和其他整体性拉结杆件，使整个构架不稳定。

9）基础支垫不好，局部立杆悬空或下沉。

10）脚手架立杆垂直度超过规定，出现显著倾斜。

（3）应予禁止的作业和不安全行为。

1）在脚手架上拴缆风绳或以脚手架作为拉撑的支撑结构（作支撑架用途者除外）。

2）架上人员过度集中或实际使用荷载超过设计规定。

3）在架板上堆放的标准砖多于单排立码 3 层，容器单重超过 1.5 kN 和在架上搬运自重大于 2.5 kN 的构件。

4）架上人员在架上嬉闹、奔跑、退行、跨坐栏杆休息、倒行拉车和匆忙上下架。

5）不走上下架安全通道、攀缘架子上下。

6）上、下抛掷材料物品和向下倾倒垃圾。

2. 起重吊装的强制性制（停）止作业规定

（1）禁用钢丝绳。

1）达到报废更新标准的断丝数以及各种情况下的折减标准。

2）虽无断丝，但直径减少达公称直径的 7%。

3）出现整股断裂。

4）有明显的内部腐蚀。

5）局部外层钢丝绳伸长呈“笼”形。

6）钢丝绳的纤维芯直径增大较为严重。

7）发生扭结、弯折塑性变形、麻芯脱出以及受电渣焊和高温作用影响到性能指标。

（2）禁用的吊钩（环）。

1）无合格证明书。

2）有裂纹。

3）危险截面上的磨损超过 10%。

4）在裂纹和磨损处进行焊补。

（3）起重吊装作业禁止事项。

1）遇有 6 级以上大风或出现大雨、大雷、大雾等恶劣天气下进行露天作业。

2）随意调整和拆除起重机的安全装置或安全装置不灵敏可靠。

3）用限位装置代替操纵机构。

4）非载人起重机载人。

5）人员在吊物下方停留或通过。

6）超载作业和起吊埋在地下等重量不明吊物。

7）履带式起重机作业时的仰角超过规定，在未停稳前变换挡位。

8）满载或接近满载时下落臂杆。

9）起重机下坡空挡滑行。

10）起重机长距离带载行驶。

11）起重机行驶时，在底盘走台上堆放材料或有人员站立、蹲坐。

12）塔式起重机在弯道上作业或吊重物经弯道转移。

13）塔式起重机顶升中回转臂杆或进行其他作业。

14）在塔机连墙装置以上塔体未拆除前，先行拆除连墙装置。

15）在起重机安装中随意用其他螺栓代替专用螺栓。

16）用起重机斜拉吊物。

17）塔式起重机的供电电缆拖地行走。

18）地锚设置不合格或被水浸泡。

19）履带式起重机在距坑、槽边 5 m 以内距离行走或停放，或在斜坡上停放。

20）在起重机支腿严重沉陷和机身倾斜下继续进行起重作业。

3. 其他方面重要的强制性制（停）止作业规定

（1）用电安全。

1）金属外壳未做好安全接地和接零保护。

2）未按规定作重复接地的供电线路和设备。

3）未按规定安装漏电保护装置。

4）未按规定作避雷接地的机具设备和设施。

5）未按规定采用低电压的照明设施。

6）未按规定设置架空线路和电缆线路。

7）未按规定设置控电设施。

（2）井字架等物料提升机。

1）缆风绳使用钢丝绳以外的其他材料制作。

2）缆风绳拉在脚手架或其他不可靠物体上。

3）人员攀登井架或乘吊盘上下。

4）装起重臂杆时，吊盘和起重臂同时使用。

（3）施工电梯。

1）未按规定进行附墙连接，顶部悬臂高度超过规定。

2）安装中，人员在梯笼顶部随梯笼上下。

3）在拆除过程中，梯笼同时上下运行。

（4）季节施工。

1）雨季、冬季施工时作业和运输通道无防滑措施。

2）采用火炉暖棚施工时无防火、防煤气中毒措施。

3）亚硝酸钠和食盐混放。

4）用火烘烤冻结的氧气瓶、胶管及其他安全装置。

5）在遇到闪电、雷雨和遇有 6 级以上强风的天气时，进行土石方爆破、露天电焊、露天起重、高处、外线和电缆架设作业。

（5）施工现场防火。

1）易燃堆料区、露天仓库未留消防通道或在通道上堆放障碍物。

2）在木工工作场所和气瓶库内吸烟和生火。

3）在锅炉房堆放其他可燃物和焚烧废物。

4）在地下室存放有毒和易燃物品。

5）在密闭、有压力的管道和容器上进行焊接和切割作业。

6）在装过可燃、易燃和有毒材料未经清洗干净的容器上施焊。

7）在电气线路下方搭设锅灶。

8）用煤油或汽油点火或用沥青做燃料。

9）将火源带入涂漆和喷漆作业场所。

（6）电焊、气焊。

1）利用厂房的金属结构、管道、轨道或用其他金属搭接起来作为导线使用。

2）使用钢制工具敲击气瓶瓶阀。

3）直接使用钢丝绳、链条和电磁吸盘吊运气瓶。

4）在乙炔瓶贮存间使用四氯化碳灭火器。

5）氯气瓶、氧气瓶及易燃物品同车运输。

6）擅自拆卸乙炔罐的回火防止器。

7）在狭小空间、船舱和容器中施焊，没有轮换和监护人员。

8）焊补未开洞的密闭容器。

第四章　施工现场安全生产基本要求

第一节　建筑施工安全基础知识

一、安全生产

（1）安全生产：指为预防生产过程中发生事故而采取的各种措施和活动。

（2）安全生产条件：指满足安全生产的各种因素及其组合。

（3）安全生产业绩：指在安全生产过程中产生的可测量的结果。

（4）安全生产能力：指安全生产条件和安全生产业绩的组合。

（5）安全生产保证体系：指对项目安全风险和不利环境影响的管理系统。

二、有害物质及有害作业

（1）致害物：指直接引起伤害及中毒的物体或物质。

（2）有害物质：指能危害职工健康的化学的、物理的、生物的等所有物质的总称。

（3）有毒物质：指作用于生物体，能使机体发生暂时或永久性病变，导致疾病甚至死亡的物质。

（4）危害因素：指能对人造成伤害或对事物造成突发性损坏的因素。

（5）有害因素：指能影响人的身体健康，导致疾病或对事物造成慢性损坏的因素。

（6）有害作业：指作业环境中有害物质的浓度、剂量超过国家卫生标准中该物质最高允许值的作业。

（7）有尘作业：指作业场所空气中粉尘含量超过国家卫生标准中粉尘的最高允许值的作业。

（8）有毒作业：指作业场所空气中有毒物质含量超过国家卫生标准中有毒物质的最高允许浓度的作业。

三、事故和隐患

（1）起因物：指导致事故发生的物质。

（2）事故：指造成死亡、伤害、职业病、财产损失或其他损失的意外情况的总称。

（3）重大事故：指会对职工、公众或环境以及生产设备造成即刻或延迟性严重危害的事故。同义词：恶性事故。

（4）隐患：指未被事先识别，可导致事故的危险源和不安全行为及管理上的缺陷。

（5）危险源：指可能导致死亡、伤害、职业病、财产损失、工作环境破坏或这些情况组合的根源或状态。

（6）轻伤事故：指损失工作日低于105日的失能伤害。

（7）重伤事故：指相当于损失工作日等于或超过105日的失

能伤害。

（8）工作条件：指职工在工作中的设施条件、工作环境、劳动强度和工作时间的总和。同义词：劳动条件。

（9）工作环境：指工作场所及周围空间的安全卫生状态和条件。

（10）伤害方式：指致害物与人体发生接触的方式。

（11）不安全状态：指能导致事故发生的物质条件。

（12）不安全行为：指能造成事故的人为错误。

四、防护

（1）防护措施：为避免职工在作业时，身体的某个部位误入危险区域或解除有害物质而采取的隔离、屏蔽、安全距离、个人防护的措施或手段。

（2）个人防护用品：为使职工在职业活动过程中，免遭或减轻事故和职业危害因素的伤害而提供的个人劳动防护用品。

（3）女职工劳动保护：针对女职工在经期、孕期、产期、哺乳期等的生理特点，在工作时间和工作分配等方面所采取的特殊保护。

（4）未成年工劳动保护：针对未成年工（已满16周岁未满18周岁）的生理特点，在工作时间和工作分配等方面所采取的特殊保护。

五、职业安全与卫生

（1）安全认证：指由国家授权的机构依法对特种设备、特种作业场所、特种劳动防护用品的安全卫生性能，以及对特种作业人员的资格等进行考核、认可并颁发凭证的活动。

（2）职业安全：以防止职工在职业活动过程中发生各种伤亡事故为目的的工作领域及在法律、技术、设备、组织制度和教育等方面所采取的相应措施。

（3）职业卫生：以职工的健康在职业活动过程中免受有害因素侵害为目的的工作领域及在法律、技术设备、组织制度和教育等方面所采取的相应措施。

（4）职业病：职工因受职业性有害因素的影响引起的，由国家以法规形式，并经国家指定的医疗机构确认的疾病。

（5）职业禁忌：某些疾病（或某些生理缺陷），其患者如从事某种职业便会因职业危害因素而使病情加重或易于发生事故，则称此疾病（或生理缺陷）为该职业的职业禁忌。

六、违章作业

（1）违章指挥：指强迫职工违反国家法律、法规、规章制度或操作规程进行作业的行为。

（2）违章操作：指职工不遵守规章制度，冒险进行操作的行为。

（3）“三违”：是违章指挥、违章作业和违反劳动纪律的简称。

1）违章指挥主要是指生产经营单位的生产经营管理人员违反安全生产方针、政策、法律、条例、规程、制度和有关规定指挥生产的行为。

违章指挥具体包括生产经营管理人员不遵守安全生产规程、制度和安全技术措施或擅自变更安全工艺和操作程序，指挥者使用未经安全培训的劳动者或无专门资质认证的人员；生产经营管理人员指挥工人在安全防护设施或设备有缺陷、隐患未解决的条件下冒险作业；生产经营管理人员发现违章而不制止等。

2）违章作业主要是指现场操作工人违反劳动生产岗位的安全规章和制度（如安全生产责任制、安全操作规程、工作交接制度等）

的作业行为。

违章作业具体包括不正确使用个人劳动保护用品、不遵守工作场所的安全操作规程和不执行安全生产指令。

3）违反劳动纪律主要是指工人违反生产经营单位的劳动纪律的行为。

违反劳动纪律具体包括不履行劳动合同及违约承担的责任，不遵守考勤与休假纪律、生产与工作纪律、奖惩制度及其他纪律等。

七、“三宝”“四口”和“五临边”

（1）“三宝”：安全帽、安全带、安全网。

（2）“四口”：楼梯口、电梯口、预留洞口、通道口。

（3）“五临边”：

1）沟、坑、槽和深基础周边。

2）楼层周边。

3）楼梯侧边。

4）平台或阳台边。

5）屋面周边。

八、“四不伤害”和“五大伤害”

1.“四不伤害”

“四不伤害”是我国为减少人为事故而采取的在施工过程中施工人员的一个互相监督原则，具体包括不伤害自己、不伤害他人、不被他人伤害和保护他人不被伤害。其主要内容是：

（1）不伤害自己。

1）保持正确的工作态度及良好的身体心理状态，保护好自己。

2）掌握自己操作的设备或活动中的危险因素及控制方法，遵守安全规则，使用必要的防护用品，不违章作业。

3）任何活动或设备都可能是危险的，确认无伤害威胁后再实施，三思而后行。

4）杜绝侥幸、自大、省能、想当然心理，莫以患小而为之。

5）积极参加安全教育训练，提高识别和处理危险的能力。

6）虚心接受他人对自己不安全行为的纠正。

（2）不伤害他人。

1）职工个人的活动随时会影响他人安全，尊重他人生命，不制造安全隐患。

2）对不熟悉的活动、设备、环境多听、多看、多问，进行必要的沟通协商后再行动。

3）操作设备尤其是启动、维修、清洁、保养时，要确保他人在免受影响的区域。

4）把所知、造成的危险及时告知受影响人员、加以消除或予以标识。

5）对所接受到的安全规定/标识/指令，认真理解后执行。

6）管理者对危害行为的默许纵容是对他人最严重的威胁，安全表率是其职责。

（3）不被他人伤害。

1）提高自我防护意识，保持警惕，及时发现并报告危险。

2）把安全知识及经验与同事共享，帮助他人提高事故预防技能。

3）不忽视已标识的潜在危险并远离之，除非得到充足防护及安全许可。

4）纠正他人可能危害自己的不安全行为，不伤害生命比不伤害情面更重要。

5）冷静处理所遭遇的突发事件，正确应用所学安全技能。

6）拒绝他人的违章指挥，即使是主管所发出的违章指挥，不被伤害是职工的权利。

（4）保护他人不被伤害。

任何组织中的每个成员都是团队中的一分子，要担负起关心爱护他人的责任和义务，不仅自己要注意安全，还要保护团队的其他人员不受伤害，这是每个成员对集体中其他成员的承诺。

2.“五大伤害”

“五大伤害”是指高处坠落伤害、坍塌伤害、物体打击伤害、机械伤害和触电伤害。

（1）高处坠落伤害：指人员从坠落高度≥2 m 的洞口、临边（包括楼梯口、电梯口、预留洞口、通道口；沟、坑、槽和深基础周边，楼层周边，楼梯侧边，平台或阳台边，屋面周边）坠落及脚手架、吊篮、塔吊、电梯、施工电梯等高处坠落，致人伤亡的事故。

（2）坍塌伤害：指建筑物、构筑物、堆置物、土石方、搭设的脚手架体等，由于底部支承强度不能抵御上部荷重，失稳垮塌造成的安全事故。

（3）物体打击伤害：指失控物体的惯性力造成的人身伤亡事故，简单地讲，就是高处坠落物体致人伤亡的事故。

（4）机械伤害：指机械设备运动（静止）、部件、工具、加工件直接与人体接触引起的挤压、碰撞、冲击、剪切、卷入、绞绕、甩出、切割、切断、刺扎等伤害。不包括车辆、起重机械引起的伤害。

（5）触电伤害：指由于人体直接接触电源，受到一定量的电流通过人体致使组织损伤和功能障碍，致人伤亡的事故。

九、特种作业

（1）特种设备：指由国家认定的，因设备本身和外在因素的影响容易发生事故，并且一旦发生事故造成人身伤亡及重大经济损失的危险性较大的设备。

（2）特种作业：指由国家认定的，对操作者本人及其周围人员和设施的安全有重大危险因素的作业。

（3）特殊工种：指从事特种作业人员岗位类别的统称。

（4）特种劳动保护用品：指由国家认定的，在易发生伤害及职业危害的场合，供职工穿戴或使用的劳动防护用品。

第二节　进场的基本要求

一、新工人进场安全须知

（1）新工人进入工地前必须进行安全教育，未经安全知识教育和培训，不得进入施工现场操作。

（2）进入施工现场，必须戴好安全帽，扣好腰带。在没有防护设施的 2 m 高处，悬崖和陡坡施工作业必须系好安全带。施工现场禁止穿拖鞋、高跟鞋、草鞋，严禁赤脚赤膊操作。

（3）不懂电器和机械的人员，严禁使用和操作机电设备。

（4）建筑材料和构件要堆放稳妥，不得过高。

（5）在操作中，应坚守岗位，严禁酒后操作。

（6）特殊工种（电工、焊工、司炉工、起重及打桩机司机和指挥、架子工、各种机动车辆司机等）必须经过有关部门专业培训和考试合格取得操作证，方可独立操作。

（7）施工现场的脚手架、防护设施、安全标志、警告牌、脚手架连接铅丝或连接件不得擅自拆除，需要拆除必须经过施工负责人同意。

（8）施工现场的洞、坑、井架、升降机、漏斗等危险处，应有防护措施并有明显标志。

（9）任何人不准向上、向下乱丢材料、垃圾、工具，不准随意开动施工机械。

（10）手推车装运物件，应注意平稳，掌握重心，不得猛跑或撒把溜放。

（11）工具用完后要随时装入工具袋。

（12）不准在龙门架处行走，不准在龙门架井架提升后清理下面砂浆、混凝土等物，不准吊篮在空中久停，下班后吊篮必须放在地面上，且切断电源。

（13）脚手架上霜、雪、泥等要及时清扫。脚手架两端要扎牢，防止空头板。

（14）从事高空作业的人员，必须身体健康。患有高血压、贫血症、严重心脏病、精神病、癫痫病、近视眼在500度以上的人员，以及经医生检查认为不适合高空作业的人员，不得从事高空作业。对龙门架、起重工等从事高空作业的工种要每年体检一次。

二、安全“十大禁令”

（1）严禁穿拖鞋、高跟鞋及不戴安全帽人员进入施工现场作业。

（2）严禁一切人员在提升架、吊机的吊篮上及在提升架井口私自开动任何施工机械及驳接、拆除电线和电器。

（3）严禁非专业人员私自开动任何施工机械及驳接、拆除电线和电器。

（4）严禁在操作现场（包括在车间、工场）玩耍、吵闹和从高处抛掷材料、工具、砖石、砂泥及一切灰尘物。

（5）严禁土方工程的凿岩取土及不按规定放坡或不加支撑的深基坑开挖施工。

（6）严禁在不设栏杆或其他安全措施的高处作业和单层墙上面行走。

（7）严禁在未设安全措施的同一部位上同时进行上下交叉作业。

（8）严禁带小孩进入施工现场（包括车间、工场）作业。

（9）严禁在高压电源的危险区域进行冒险作业及不穿绝缘水鞋进行操作水磨石机，严禁用手直接提拿灯头及移动照明电线。

（10）严禁在有危险品、易燃品、木工棚场地现场及仓库吸烟、生火。

三、施工现场“十不盲目操作”

（1）新工人未经三级安全教育，复工换岗人员未经安全岗位教育，不得盲目操作。

（2）特殊工种人员、机械操作工未经专门安全培训，无有效安全上岗操作证，不得盲目操作。

（3）施工环境和作业对象情况不清，施工前无安全措施或作业安全交底不清，不得盲目操作。

（4）新技术、新工艺、新设备、新材料、新岗位无安全措施，未进行安全培训教育、交底，不得盲目操作。

（5）安全帽和作业所必需的个人防护用品不落实，不得盲目操作。

（6）脚手架、吊篮、塔吊、井字架、龙门架、外用电梯、起重机械、电焊机、钢筋机械、木工平刨、圆盘锯、搅拌机、打桩机等设施设备和现浇混凝土模板搭设安装后，未经验收合格，不得盲目操作。

（7）作业场所安全防护措施不落实，安全隐患不排除，威胁人身和国家财产安全时，不得盲目操作。

（8）凡上级或管理干部违章指挥，有冒险作业情况时，不得盲目操作。

（9）特殊高处作业、带电作业、禁火区作业、易燃易爆作业、爆破性作业、有中毒或窒息危险的作业和科研实验等危险作业，均应由上级指派并经安全交底；未经指派批准、未经安全交底和无安全防护措施，不得盲目操作。

（10）隐患未排除，有自己伤害自己、自己伤害他人、自己被他人伤害的不安全因素存在时，不得盲目操作。

四、施工现场其他安全注意事项

1. 未成年人不得从事建筑施工

不满 16 周岁的未成年人，不得从事建筑工程施工工作。

2. 作业人员衣着要求

进入施工现场的人员着装应符合安全要求，戴好安全帽，系好下颌带。按照作业要求正确穿戴个人防护用品，着装要整齐，必须扎紧袖口，理好衣角，扣好衣扣。作业人员长发不得外露，女工应戴工作帽，将头发挽入帽内，不得外露。

在没有可靠安全防护设施的高处［2 m 以上（含 2 m）］施工时，必须系好安全带。高处作业不得穿硬底和带钉易滑的鞋，严禁赤脚穿拖鞋、高跟鞋进入施工现场。

3. 现场行走的要求

（1）在施工现场行走要注意安全，不得攀登脚手架、井字架、龙门架、外用电梯，禁止乘坐非乘人的垂直运输设备上下。

（2）在施工现场，作业人员上下行走应走马道或安全梯。

（3）在施工处下方，禁止通行。

（4）在沟、槽、坑边缘或下方行走，要经常检查沟、槽、坑壁的稳定状况。雨期或春融季节，必须经常检查槽（坑）壁的稳定状况，确认安全后方可进行作业。

4. 保持作业场所整洁的要求

保持作业场所整洁，要做到工完料净场地清，不能随意抛撒物料，物料要堆放整齐。

5. 施工现场环境的卫生与健康要求

（1）注意饮食卫生，不吃变质饭菜。应喝开水，不要喝生水。

（2）讲究个人卫生，勤换衣。

（3）出现身体不适或生病时，应及时就医，不要带病工作。

（4）宿舍被褥应叠放整齐，个人用具按次序摆放，保持室内、室外环境整洁。

（5）员工应注意劳逸结合，积极参与健康的文体活动。

6. 班前的安全检查要求

每日上班前对作业环境、设施、设备进行检查，认真察看在施工程洞口、临边安全防护和脚手架护身栏、挡脚板、立网是否齐全牢固；脚手板是否按要求间距放正并绑牢，有无探头板和空隙；基坑壁有无裂缝或变形等。发现事故隐患，立即解决，发现重大隐患要及时上报。

第三节　施工现场的基本安全要求

一、基本安全纪律

（1）进入施工现场必须戴好安全帽，系好帽带，并正确使用个人劳动防护用品。

（2）作业前应对相关的作业人员进行安全技术交底。

（3）未经安全教育培训合格不得上岗，非操作者严禁进入危险区域；特种作业人员必须持特种作业资格证上岗。

（4）穿拖鞋、高跟鞋、赤脚或赤膊不准进入施工现场。

（5）酒后不准上班作业。

（6）不得穿硬底鞋进行登高作业。

（7）机械设备、机具使用，必须执行“定人、定机”制度；未经有关人员同意，非操作人员不得使用。

（8）电动机械设备，必须有漏电保护装置和可靠保护接零，方可启动使用。

（9）未经有关人员批准，不得随意拆除安全设施和安全装置；因作业需要拆除的，作业完毕后，必须立即恢复。

（10）井字架吊篮、料斗不准乘人。

（11）高处作业材料和工具等物件不得上抛下掷。

二、一般安全须知

（1）参加施工的工人（包括学徒工、实习生、代培人员和民工），要熟知本工种的安全技术操作规程。在操作中，应坚守工作岗位，严禁酒后操作。

（2）电工、焊工、司炉工、架子工、爆破工、起重机司机、打桩司机和各种机动车辆司机，必须经过专门训练，考试合格后发给操作证，方准独立操作。

（3）正确使用个人防护用品和掌握安全防护措施。进入施工现场，必须戴安全帽，禁止穿拖鞋或高跟鞋。在没有防护设施的高空、悬崖和陡坡施工，必须系安全带。上下交叉作业有危险的出入口要有防护棚或其他隔离设施。距地面 2 m 以上作业要有防护栏杆、挡板或安全网。安全帽、安全带、安全网要定期检查，不符合要求的，严禁使用。

（4）坚持文明施工，作业区及建筑物楼层要做到工完场清，材料堆放整齐。

（5）施工现场的脚手架、防护设施、安全标志和警告牌，不得擅自拆动。需要拆动的，要经工地施工负责人同意。

（6）施工现场的洞、坑、沟、升降口、漏斗等危险处，应有防护设施或明显标志。

（7）施工现场要有交通指示标志。在运输频繁的交叉路口，应设指挥；火车道口两侧，应设落杆；危险地区，要悬挂“危险”或“禁止通行”警示牌，夜间设红灯示警。

（8）工地行驶斗车、小平车的轨道坡度不得大于 3%。铁轨终点应有车挡，车辆的制动闸和挂钩要完好可靠。

（9）坑槽施工，应经常检查边壁土质稳固情况，发现有裂缝、疏松或支撑走动，要随时采取加固措施。根据土质、沟深、水位、机械设备重量等情况，确定堆放材料和施工机械距坑边的距离。往坑槽运材料，应用信号联系。

（10）调配酸溶液，应先将酸缓慢地注入水中，搅拌均匀，严禁将水倒入酸中。贮存酸液的容器应加盖和设有标志。

（11）做好女工在月经、怀孕、生育和哺乳期间的保护工作。女工在怀孕期间对原工作不能胜任时，根据医生的证明，应调换轻便工作。

（12）遇有 6 级以上强风和大雨、大雪、大雾的天气时，应停止露天高处作业和起重吊装作业。

三、机电设备的安全要求

（1）机械操作时，要束紧袖口，女工发辫要挽入帽内。

（2）机械和动力机的机座必须稳固。转动的危险部位要安设防护装置。

（3）工作前必须检查机械、仪表、工具等，确认完好方准使用。

（4）电气设备和线路必须按规定接零或接地，并设置单一开关；遇有临时停电或停工休息时，必须拉闸加锁。

（5）施工机械和电气设备不得带病运转和超负荷作业。发现不正常情况应停机检查，不得在转动中修理。

（6）电气、仪表、管道和设备试运转，应严格按照单项安全技术措施进行。运转时不准擦洗和修理，严禁将头手伸入机械行程范围内。

（7）在架空输电线路下面工作应停电。不能停电时，应有隔离防护措施。起重机不得在架空输电线路下面工作，通过架空输电线路时应将起重臂落下。在架空输电线路一侧工作时，无论在任何情况下，起重臂、钢丝绳或重物等与架空输电线路的最小距离应不小于表 4-1 的规定。

表 4-1　起重臂、钢丝绳或重物等与架空输电线路的安全距离

输电线路电压/kV	<1	1～20	35～110	154	220
允许与输电线路的最近距离/m	1.5	2	4	5	6
垂直安全距离/m	1.5	1.5	2.5	2.5	2.5

（8）行灯电压不得超过 36 V，在潮湿场所或金属容器内工作时，行灯电压不得超过 12 V。

（9）受压容器应有安全阀、压力表，并避免暴晒、碰撞；氧气瓶严防沾染油脂；乙炔发生器、液化石油器，必须有防止回火的安全装置。

（10）X 光或伽马射线探伤作业区，非操作人员不准进入。

（11）从事腐蚀、粉尘、放射性和有毒作业要有防护措施，并进行定期体检。

（12）各施工人员要避免在同一垂直方向上操作。在下层操作的人员必须在上层高度确定的可能坠落半径范围以外（坠落半径范围为：当基础高度为2～5 m时，可能坠落半径范围为3 m；当基础高度为5～15 m时，可能坠落半径范围为4 m；当基础高度为15～30 m时，可能坠落半径范围为5 m；当基础高度为30 m以上时，可能坠落半径范围为6 m）。

四、临时用电的安全要求

（1）施工现场临时用电必须按照《施工现场临时用电安全技术规范》（JGJ 46—2005）的要求，编制临时用电施工组织设计，建立相关的管理文件和档案资料。

（2）总包单位与分包单位必须订立临时用电管理协议，明确各方相关责任。分包单位必须遵守现场管理文件的约定，总包单位必须按照规定落实对分包单位的用电设施和日常施工的监督管理。

（3）施工现场临时用电工程必须由电气工程技术人员负责管理，明确职责，并建立电工值班室，确定电气维修和值班人员。现场各类配电箱和开关箱必须确定检修和维护责任人。

（4）临时用电配电线路必须按规范架设整齐，架空线路必须采用绝缘导线，不得采用塑胶软线。电缆线路必须按规定沿着附着物敷设或采用埋地方式敷设，不得沿地面明敷设。

（5）各类施工活动应与内、外电线路保持安全距离，达不到规范规定的最小安全距离时，必须采用可靠的防护和监护措施。

（6）配电系统必须实行分级配电。各级配电箱、开关箱的箱体安装和内部设置必须符合有关规定，箱内电器必须可靠完好，其选型、定值要符合规定，开关电器应标明用途，并在电箱正面门内绘上接线图。

（7）各类配电箱、开关箱外观应完整、牢固、防雨、防尘，箱体应外涂安全色标，统一编号，箱内无杂物。停止使用的配电箱应切断电源，箱门上锁。固定式配电箱应设围栏，并有防雨防砸措施。

（8）独立的配电系统必须按部颁规范采用三相五线制的接零保护系统，非独立系统可根据现场实际情况采取相应的接零或接地保护方式。各种电气设备和电力施工机械的金属外壳、金属支架和底座必须按规定采取可靠的接零或接地保护。

（9）在采用接零或接地保护方式的同时，必须逐级设置漏电保护装置，实行分级保护，形成完整的保护系统。漏电保护装置的选择应该符合规定。

（10）现场金属架构物（照明灯架、垂直提升装置、超高脚手架）和各种高大设施必须按规定装设避雷装置。

（11）手持电动工具的使用，依据国家标准的有关规定采用Ⅱ类、Ⅲ类绝缘型的手持电动工具。工具的绝缘状态、电源线、插头和插座应完好无损，电源线不得任意接长或更换，维修和检查应由专业人员负责。

（12）一般场所采用 220 V 电源照明的必须按规定布线和装设灯具，并在电源一侧加装漏电保护器。特殊场所必须按国家标准规定使用安全电压照明器。

（13）施工现场的办公区和生活区应根据用途按规定安装照明灯具和使用用电器具。食堂的照明和炊事机具必须安装漏电保护器。现场凡有人员经过和施工活动的场所，必须提供足够的照明。

（14）使用行灯和低压照明灯具，其电源电压不应超过 36 V，行灯灯体与手柄应坚固、绝缘良好，电源线应使用橡套电缆线，不得使用塑胶线。行灯和低压灯的变压器应装设在电箱内，符合户外电气安装要求。

（15）现场使用移动式碘钨灯照明，必须采用密闭式防雨灯具。碘钨灯的金属灯具和金属支架应做良好接零保护，金属架杆手持部位采取绝缘措施。电源线使用护套电缆线，电源侧装设漏电保护器。

（16）施工现场临时用电设施和器材必须使用正规厂家的合格产品，严禁使用假冒伪劣等不合格产品。安全电气产品必须经过国家级专业检测机构认证。

（17）检修各类配电箱、开关箱、电器设备和电力施工机具时，必须切断电源，拆除电气连接并悬挂警示标牌。试车和调试时应确定操作程序和设立专人监护。

五、施工机械的安全要求

（1）施工现场使用的机械设备（包括自有设备和租赁设备）必须实行安装、使用，全过程的管理。

（2）施工现场要为机械作业提供道路、水电、临时机棚或停机场地等必需的条件，确保使用安全。

（3）机械设备操作应保证专机专人，持证上岗，严格落实岗位责任制，并严格执行清洁、润滑、紧固、调整、防腐的“十字作业法”。

（4）施工现场的起重吊装必须由专业队伍进行，信号指挥人员必须持证上岗。起重吊装作业前应根据施工组织设计要求，划定施工作业区域，设置醒目的警示标志和专职的监护人员。起重回转半径与高压电线必须保持安全距离。

（5）现场构件应有专人负责，合理存放，并在施工组织设计中明确吊装方法。起重机械司机及信号人员应熟知和遵守设备性能及施工组织设计中吊装方法的全部内容。多机抬吊时单机负载不得超过该机额定起重量的 80%。

（6）因场地环境影响致使塔式起重机易装难拆的现场，安装拆除方案必须同时制定。

（7）塔式起重机路基和轨道的铺设及起重机的安装必须符合国家标准及原厂使用规定，并办理验收手续。经检验合格后方可使用。使用中应定期进行检测。

（8）塔式起重机的安全装置（“四限位”和“两保险”）必须齐全、灵敏、可靠。

（9）群塔作业方案中，应保证处于低位的塔式起重机臂架端部与相邻塔式起重机塔身之间至少有 2 m 的距离。配备固定的信号指挥和相对固定的挂钩人员。

（10）塔式起重机吊装作业时，必须严格遵守施工组织设计和安全技术交底中的要求，吊物严禁超出施工现场的范围。遇有 6 级以上强风必须停止吊装作业。

（11）外用电梯的基础做法、安装和使用必须符合规定。安装与拆除必须由具有相应资质的企业进行，认真执行安全技术交底及安装工艺要求。如遇特殊情况（附墙距离需做调整等）应由机务、技术部门制订方案，经总工程师审批后实施。

（12）外用电梯的制动装置、上下极限限位、门连锁装置必须齐全灵敏有效，限速器应能符合规范要求，并在安装完成后进行吊笼的防坠落试验。

（13）外用电梯司机必须持证上岗，熟悉设备的结构、原理、操作规程等。班前必须坚持例行保养。设备接通电源后，司机不得离开操作岗位，监督运载物料时做到均衡分布，防止倾翻和外漏坠落。

（14）施工现场塔式起重机，外用电梯、电动吊篮等机械设备有建设管理部门颁发的统一编号；安装单位必须具备资质，作业人员持有特种作业操作证。同一台设备的安装和顶升、锚固必须由同一单位完成，安装完毕后填写验收表，数据必须量比，验收合格后方可使用。

（15）施工现场机械设备安全防护装置必须保证齐全、灵敏、可靠。

（16）施工现场的木工、钢筋、混凝土和空气压缩机作业时，必须搭设防砸、防雨的操作棚。

（17）各种机械设备要有安装验收手续，并在明显部位悬挂安全操作规程及设备负责人的标牌。

（18）认真执行机械设备的交接班制度，并做好交接班记录。

（19）施工现场机械严禁超载和带病运行，运行中禁止维护保养；操作人员离机或作业中停电时，必须切断电源。

（20）蛙式打夯机必须使用单向开关，操作扶手要采取绝缘措施。

（21）蛙式打夯机必须两人操作，操作人员必须戴绝缘手套和穿绝缘鞋。严禁在夯机运转时清除积土。夯机使用后，应切断电源遮盖防雨布，并将机座垫高停放。

（22）固定卷扬机机身必须设牢固地锚。传动部分必须安装防护罩，导向滑轮不得使用开口拉板式滑轮。

（23）操作人员离开卷扬机或作业中停电时，应切断电源，将吊笼降至地面。

（24）搅拌机使用前必须支撑牢固，不得用轮胎代替支撑。移动时，必须先切断电源。启动装置、离合器、制动器、保险链、防护罩应齐全完好，使用安全可靠。搅拌机停止使用，将料斗升起，必须挂好上料斗的保险链。料斗的钢丝绳达到报废标准时必须及时更换。维修、保养、清理时必须切断电源，设专人监护。

（25）圆锯的锯盘及传动部位应安装防护罩，并设置保险挡、分料器。凡长度小于 50 cm，厚度大于锯盘半径的木料，严禁使用圆锯。破料锯与横截锯不得混用。

（26）砂轮机应使用单向开关。砂轮必须装设不小于 180° 的防护罩和牢固可调整的工作托架。严禁使用不圆、有裂纹和磨损剩余部分不足 25 mm 的砂轮。

（27）平面刨、手压刨安全防护装置必须齐全有效。

（28）吊索具必须使用合格产品。

（29）钢丝绳应根据用途保证足够的安全系数。凡表面磨损、腐蚀、断丝超过标准的或打死弯、断股、油芯外露的不得使用。

（30）正确使用吊钩，并应设置防止脱钩的保险装置。

（31）使用卡环时，应保证销轴和环底受力。吊运大模板、大灰斗、混凝土和预制墙板等大件时，必须使用卡环。

（32）进入施工现场的车辆必须有专人指挥。

（33）严格执行“十不吊”原则。

六、料具存放的安全要求

（1）必须严格按有关安全操作规程进行操作，一切材料码放都要整齐和稳固。

（2）大模板存放必须将地脚螺栓提上去，下部应垫通长木方，使自稳角按 70°～80° 堆放。长期存放的大模板必须用拉杆连续绑牢。没有支撑或自稳不足的大模板要存放在专用的堆放架内。

（3）大外墙板、内墙板应放置在型钢制作或用钢管搭设的专用堆放架内。

（4）小钢模码放高度不超过 1.5 m，加气块码放高度不超过 1.8 m。脚手架上放砖的高度不准超过 3 层侧砖。

（5）存放水泥、砂、土、石料等严禁靠墙堆放，易燃、易爆材料必须存放在专用库房内，不得与其他材料混放。

（6）化学危险物品必须储存在专用仓库、专用场地或专用储存室（柜）内，并设专人管理。

（7）各种气瓶在存放和使用时，要距离明火 10 m 以上，并避免暴晒和碰撞。

七、季节施工安全要求

1. 雨季施工措施

（1）暴雨大风前后，要检查工地临时设施、脚手架、机电设备、临时线路，发现倾斜、变形、下沉，漏雨、漏电等现象，应及时修理加固，有严重危险的，立即排除。

（2）对施工现场的临时设施进行全面检查，检查库房是否漏雨，各种施工机具是否盖好或垫高。做好现场排水系统，将地面雨水及时排出场外，确保主要运输道路的畅通，必要时在路面加铺防滑材料。

（3）对施工现场的排水设施进行全面检查，该疏通的疏通，该完善的完善，确保施工现场雨水有组织排放和道路的畅通无阻。

2. 炎热天气施工措施

（1）夏季作业应调整作息时间。从事高温工作的场所，应加强通风和降温措施。

（2）施工期间，做好后勤工作和卫生工作，做好人员的防暑降温工作，防止中暑和中毒以及疾病发生。

（3）做好一线生产工人的后勤服务工作，采用有效的防暑降温措施。现场搭设茶水棚，确保茶水和冷饮的供应。合理调整作业时间，尽量避开中午高温天气。

3. 冬季施工措施

（1）冬季施工期间，合理安排作业计划，适当调整施工顺序，有关分项工作尽可能避免早晚施工。密切关注气象预报，随时掌握天气变化和寒潮信息，以便及时采取防护措施。

（2）冬季施工使用煤炭取暖，应符合防火要求和指定专人负责管理，并有防止一氧化碳中毒的措施。

（3）施工现场的作业场所和道路有良好排水坡度和有效的排水设施，以利及时排除积水防止冰冻。

第四节　高处作业的安全要求

目前，高层或高耸建筑物越来越多，基础越来越深，新技术、新工艺、新结构、新材料也随着不断地发展。随之而来的安全生产问题也越来越突出，尤其是近年来高处坠落事故频发，因此，必须重视高处作业的安全生产。

高处坠落事故发生的主要原因有：

（1）在临边洞口处作业，无防护或防护设施不严，不牢固。

（2）在龙门架（井字架）安装、拆除时发生倒塌。

（3）违章乘坐吊篮。

（4）钢丝绳断裂或断绝保险、吊盘停靠装置或起高限位失灵失效等。

（5）搭设脚手架时，竹木或钢木混用，材质过细，立杆间距过大，与墙体拉结点过少，拉结不牢固，基础不平整，以及脚手架跳板不满铺、架体防护不严密等。

（6）自制悬挑式脚手架缺乏相应的设计计算资料，粗制滥造，造成使用中钢丝绳或吊篮横杆折断。

（7）模板支撑体系无设计计算资料，支撑杆件钢木或钢竹混用，无剪刀撑，缺乏拉杆和斜撑，立杆排列混乱，造成整体失稳。

（8）塔吊安装和拆除中，违反安装、拆卸程序或在使用中超载等。

一、基本安全要求

（1）高处作业是指凡在坠落高度基准面 2 m 以上（含 2 m）有可能坠落的高处进行的作业。

（2）施工前，应逐级进行安全技术教育及交底，落实所有安全技术措施和人身防护用品，未经落实不得进行施工。

（3）高处作业中的安全标志、工具、仪表、电气设施和各种设备，必须在施工前加以检查，确认其完好，方能投入使用。

（4）攀登和悬空高处作业人员及搭设高处作业安全设施的人员必须经过专业技术培训及专业考试合格，持证上岗，并必须定期进行身体检查。

（5）施工中对高处作业的安全技术设施，发现有缺陷和隐患时，必须及时解决；危及人身安全时，必须停止作业。

（6）施工作业场所所有有坠落可能的物件，应一律先行撤除或加以固定。高处作业中所用的物料，均应堆放平稳，不得妨碍通道和装卸；工具应随手放入工具袋；作业中的走道、通道板和登高用具，应随时清扫干净；拆卸下的物件及余料和废料均应及时清理运走，不得任意乱置或向下丢弃；传递物件禁止抛掷。

（7）在雨天和雪天进行高处作业时，必须采取可靠的防滑、防寒和防冻措施。有水、冰、霜、雪均应及时清除。对进行高处作业的高耸建筑物，应事先设置避雷设施。遇有 6 级以上强风、浓雾等恶劣气候，不得进行露天攀登与悬空高处作业。暴风雪及台风暴雨后，应对高处作业安全设施逐一加以检查，发现有松动、变形、损坏或脱落等现象，应立即修理完善。

（8）因作业必需，临时拆除或变动安全防护设施时，须经施工负责人同意，并采取相应的可靠措施，作业后应立即恢复。

（9）防护棚搭设及拆除时，应设警戒区，并应派人监护。严禁上下同时拆除。

（10）高处作业安全设施的主要受力杆件，力学计算按一般结构力学公式，强度及挠度计算按现行有关规范进行，但钢受弯构件的强度计算不考虑塑性影响，构造上应符合现行的相应规范的要求。

二、临边作业安全要求

（1）临边作业是指施工现场中，工作面边缘无围护设施或围护设施高度低于 800 mm 的高处作业。

通常说的“五临边”是指尚未安装栏杆的阳台周边，无外架防护的层面周边，框架工程楼层周边，上下跑道及斜道的两侧边，卸料平台的侧边。“四口（楼梯口、电梯口、预留洞口和出入口）五临边”是施工现场最危险和最容易发生事故的地方，因此对施工现场重要危险部位进行正确的防护，可以有效地减少事故的发生，为工人作业提供一个安全的环境。

（2）对临边高处作业必须设计防护措施，并符合下列规定：

1）基坑周边，尚未安装栏杆或栏板的阳台、料台与各种平台周边，雨篷与挑檐边，无外脚手架的屋面与楼层周边及水箱与水塔周边等处，都必须设置防护栏杆。

2）头层墙高度超过 3.2 m 的二层楼面周边，以及无外脚手的高度超过 3.2 m 的楼层周边必须在外围架设安全平网一道。

3）分层施工的楼梯口和梯段边，必须安装临时护栏。顶层楼梯口应随工程结构进度安装正式防护栏杆。

4）井架与施工用电梯和脚手架等与建筑物通道的两侧边，必须设防护栏杆。

5）地面通道上部应装设安全防护棚。双笼井架通道中间，应予分隔封闭。

6）各种垂直运输接料平台，除两侧设防护栏杆外，平台口还应设置安全门或活动防护栏杆。

（3）防护栏杆杆件的规格及连接要求，应符合下列规定：

1）毛竹横杆小头有效直径不应小于 70 mm，栏杆柱小头直径不应小于 80 mm，并须用不小于 16 号的镀锌钢丝绑扎，不应少于 3 圈，并无泻滑。

2）原木横杆上杆梢径不应小于 70 mm，下杆梢径不应小于 60 mm，栏杆柱梢径不应小于 75 mm。并须用相应长度的圆钉钉紧，或用不小于 12 号的镀锌钢丝绑扎。要求表面平顺和稳固无动摇。

3）钢筋横杆上杆直径不应小于 16 mm，下杆直径不应小于 14 mm，栏杆柱直径不应小于 18 mm，采用电焊或镀锌钢丝绑扎固定。

4）钢管横杆及栏杆柱均采用 ϕ48 mm×（2.75～3.5）mm 的管材，以扣件或电焊固定。

5）以其他钢材如角钢等作防护栏杆杆件时，应选用强度相当的规格，以电焊固定。

（4）搭设临边防护栏杆时，必须符合下列要求：

1）防护栏杆应由上、下两道横杆及栏杆柱组成，上杆离地高度为 1.0～1.2 m，下杆离地高度为 0.5～0.6 m。坡度大于 1∶22 的屋面，防护栏杆应高 1.5 m，并加挂安全立网。除经设计计算外，横杆长度大于 2 m 时，必须加设栏杆柱。

2）栏杆柱的固定应符合下列要求：

①当在基坑四周固定时，可采用钢管并打入地面 500～700 mm

深。钢管至边口的距离，不应小于 500 mm。当基坑周边采用板桩时，钢管可打在板桩外侧。

②当在混凝土楼面、屋面或墙面固定时，可用预埋件与钢管或钢筋焊牢。采用竹、木栏杆时，可在预埋件上焊接 300 mm 长的 L50×5 角钢，其上下各钻一个孔，然后用 10 mm 螺栓与竹竿、木杆件拴牢。

③当在砖或砌块等砌体上固定时，可预先砌入规格相适应的 80×6 弯转扁钢作预埋铁的混凝土块，然后用上述方法固定。

3）栏杆柱的固定及其与横杆的连接，其整体构造应使防护栏杆上杆任何处，能经受任何方向的 1 000 N 外力。当栏杆所处位置有发生人群拥挤、车辆冲击或物件碰撞等可能时，应加大横杆界面或加密柱距。

4）防护杆必须自上而下用安全立网封闭，或在栏杆下边设置严密固定的高度不低于 180 mm 的挡脚板或 400 mm 的挡脚笆。挡脚板与挡脚笆上如有孔眼，不应大于 25 mm。板与下边距离低面的空隙不应大于 10 mm。

5）当临边的外侧面临街道时，除防护栏杆外，敞口立面必须采取满挂安全网或其他可靠措施做全封闭处理。

三、洞口作业安全要求

（1）洞口作业是指洞与孔边口旁的高处作业，包括施工现场及通道旁深度在 2 m 及 2 m 以上的桩孔、入孔、沟槽与管道、孔洞等边沿上的作业。“孔”是指楼板、屋面平台等面上，短边尺寸小于 250 mm 的墙上，在垂直于楼板、地面的垂直面上高度小于 750 mm 的孔洞。“洞”是指楼板、屋面、平台等面上短边尺寸等于或大于 250 mm 的孔洞，墙上高度等于或大于 750 mm、宽度大于 450 mm 的孔洞。“四口”通常是指楼梯口、电梯口、预留洞口和出入口。

（2）进行洞口作业以及在因工程和工序需要而产生的，使人与物有坠落危险或危及人身安全的洞口进行高处作业时，必须按以下规定设置防护措施：

1）板与墙的洞口，必须设置牢固的盖板、防护栏杆、安全网或其他防坠落的防护措施。

2）电梯井口必须设防护栏杆或固定栅门；电梯井内应每隔两层并最多隔 10 m 设一道安全网。

3）钢管桩、钻孔桩等桩孔上口，杯形、条形基础上口，未填土的坑槽，以及入孔、天窗、地板门等处，均应按洞口防护设置稳固的盖件。

4）施工现场通道附近的各类洞口与坑槽等处，除设置防护设施与安全标志外，夜间还应设红灯示警。

（3）洞口根据具体情况采取设防护栏杆、加盖件、张挂安全网与装栅门等措施时，必须符合以下要求：

1）楼板、屋面和平台等面上短边尺寸小于 25 mm 但大于 2.5 mm 的孔口，必须用坚实的盖板盖严。盖板应固定，防止挪动移位。

2）楼板面等处边长为 250～500 mm 的洞口、安装预制构件时的洞口以及缺件临时形成的洞口，可用竹、木等作盖板，盖住洞口。盖板须能保持四周搁置均衡，并有固定其位置的措施。

3）边长为 0.5～1.5 m 的洞口，必须设置一层以扣件扣接钢管组成的网格，并在其上满铺竹笆或脚手板。也可采用贯穿于混凝土板内的钢筋构成防护网格，钢筋网格间距不得大于 200 mm。

4）边长在 150 mm 以上的洞口，四周应设防护栏杆，洞口下张设安全平网防护。

5）垃圾井道和烟道，应随楼层的砌筑或安装而消除洞口，或参照预留洞口作防护。管道井施工时，除按上款办理外，还应加设明显的标志。如有临时性拆移，需经施工负责人核准，工作完毕后必须恢复防护设施。

6）位于车辆行驶道旁的洞口、深沟与管道坑、槽，所加盖板应能承受不小于当地额定卡车后轮有效承载力 2 倍的荷载。

7）墙面等处的竖向洞口，凡落地的洞口应加装开关式、工具式或固定式的防护门，门栅网格的间距不应大于 150 mm，也可采用防护栏杆，下设挡脚板（笆）。

8）下边沿至楼板或底面低于 800 mm 的窗台等竖向洞口，如侧边落差大于 2 m 时，应加设 1.2 m 的高临时护栏。

9）对邻近的人与物有坠落危险性的其他竖向的孔、洞口，均应盖严或加以防护，并有固定其位置的措施。

（4）洞口防护栏杆的杆件及其搭设应符合规范要求。

四、攀登作业安全要求

（1）攀登作业是借助登高用具或登高设施，在攀登条件下进行的高处作业。

（2）在施工组织设计中应确定用于现场施工的登高和攀登设施，现场登高应借助建筑结构或脚手架上的登高设施，也可采用载人的垂直运输设备，进行攀登作业时可使用梯子或采用其他攀登设施。

（3）柱、梁和行车梁等构件吊装所需的直爬梯及其他登高用拉攀件，应在构件施工图或说明内作出规定。

（4）攀登的用具，结构构造上必须牢固可靠。供人上下的踏板其使用荷载不应大于 1 100 N。当梯面上有特殊作业，重量超过上述荷载时，应按实际情况加以验算。

（5）移动式梯子，均应按现行的国家标准验收其质量。

（6）梯脚底部应坚实，不得垫高使用。梯子的上端应有固定措施。立梯工作角度应以 75°±5° 为宜，踏板上下间距以 30 cm 为宜，不得有缺挡。

（7）梯子如需接长使用，必须有可靠的连接措施，且接头不得超过 1 处。连接后梯梁的强度，不应低于单梯梁的强度。

（8）折梯使用时上部夹角以 35°～45° 为宜，铰链必须牢固，并应有可靠的拉撑措施。

（9）固定式直爬梯应用金属材料制成。梯宽不应大于 500 mm，支撑应用不小于 L70×6 的角钢，埋设与焊接均必须牢固。梯子顶端的踏棍应与攀登的顶面齐平，并加设 1～1.5 m 高的扶手。

使用直爬梯进行攀登作业时，攀登高度以 5 m 为宜。超过 2 m 时，宜加设护笼，超过 8 m 时，必须设置梯间平台。

（10）作业人员应从规定的通道上下，不得在阳台之间等非规定通道进行攀登，也不得任意利用吊车臂架等施工设备进行攀登。

上下梯子时，必须面向梯子，且不得手持器物。

五、悬空作业安全要求

（1）悬空作业是指在周边临空状态下进行的高处作业。

（2）悬空作业处应有牢靠的立足处，并必须视具体情况，配置防护栏网、栏杆或其他安全设施。

（3）悬空作业所用的索具、脚手板、吊篮、吊笼、平台等设备，均需经过技术鉴定或验证方可使用。

（4）模板支撑和拆卸时的悬空作业，必须遵守下列规定：

1）支撑应按规定的作业程序进行，模板未固定前不得进行下一道工序。严禁在连接件和支撑件上攀登上下，并严禁在上下同一垂直面上装、拆模板。结构复杂的模板，装、拆时应严格按照施工组织设计的措施进行。

2）支设高度在 3 m 以上的柱模板，四周应设斜撑，并应设立操作平台，低于 3 m 的可使用马凳操作。

3）支设悬挑形式的模板时，应有稳固的立足点。支设临空构筑物模板时，应搭设支架或脚手架。模板上有预留洞口时，应在安装后将洞盖。混凝土板上拆模后形成的临边或洞口，应规定进行防护。

拆模高处作业，应配置登高用具或搭设支架。

（5）钢筋绑扎时的悬空作业，必须遵守以下规定：

1）绑扎钢筋和安装钢筋骨架时，必须搭设脚手架和马道。

2）绑扎圈梁、挑梁、挑檐、外墙和边柱等钢筋时，应搭设操作台架和张挂安全网。

悬空大梁钢筋的绑扎，必须在满铺脚手架的支架和操作平台上操作。

3）绑扎立柱和墙体钢筋时，不得站在钢筋骨架上或攀登架上下。3 m 以内的柱钢筋，可在地面或楼面上绑扎，整体竖立。绑扎 3 m 以上的柱钢筋，必须搭设操作平台。

（6）混凝土浇筑时的悬空作业，必须遵守以下规定：

1）浇筑离地 20 m 以上框架、过梁、雨篷和小平台时，应设操作平台，不得直接站在模板或支撑件上操作。

2）浇筑拱形结构，应自两边拱脚对称地相向进行。浇筑储仓，下口应先行封闭并搭设脚手架以防人员坠落。

3）特殊情况下如无可靠的安全设施，必须系好安全带并扣好保险钩，或架设安全网。

六、操作平台安全要求

（1）操作平台是指现场施工中用以站人、载料并可进行操作的平台。

移动式操作平台是指可以搬移的用于结构施工、室内装饰和水电安装等的操作平台。

悬挑式操作平台是指可以吊运和搁置于楼层边的用于接送物料和转运模板等的悬挑型式的操作平台，通常采用钢构件制作。

（2）移动式操作平台，必须符合以下规定：

1）操作平台应由专业技术人员按现行的相应规范进行设计，计算书及图纸应编入施工组织设计。

2）操作平台的面积不应超过 10 m^2，高度不应超过 5 m。还应进行稳定验算，并采取措施减少立柱的长细比。

3）装设轮子的移动式操作平台，轮子与平台的结合处应牢固可靠，立柱底端离地面不得超过 80 mm。

4）操作平台可采用 ϕ（48～51）mm×3.5 mm 钢管以扣件连接，也可采用门架式或承插式钢管脚手架部件，按产品使用要求进行组装。平台的次梁，间距不应大于 40 cm；台面应满铺 3 cm 厚的木板和竹笆。

5）操作平台四周必须按临边作业要求设置防护栏杆，并应布置登高扶梯。

（3）悬挑式钢平台，必须符合以下规定：

1）悬挑式钢平台应按现行的相应规范进行设计，其结构构造应能防止左右晃动，计算书及图纸应编入施工组织设计。

2）悬挑式钢平台的搁置点与上部拉结点，必须位于建筑物上，不得设置在脚手架等施工设备上。

3）斜拉杆或钢丝绳构造上宜两边各设前后两道，两道中的第一道均应作单道受力计算。

4）应设置 4 个经过验算的吊环。吊运平台时应使用卡环，不得使用吊钩钩环。吊环应用甲类 3 号沸腾钢制作。

5）钢平台安装时，钢丝绳应采用专用的挂钩挂牢，采取其他方式时卡头的卡子不得少于 3 个。建筑物锐角利口围系钢丝绳处应加衬软垫物，钢平台外口应略高于内口。

6）钢平台左右两侧必须装置固定的防护栏杆。

7）钢平台吊装，需待横梁支撑点电焊固定，接好钢丝绳调整完毕，经过检查验收，方可松卸起重吊钩，上下操作。

8）钢平台使用时，应有专人进行检查，发现钢丝绳有锈蚀损坏应及时调换，焊缝脱焊应及时修复。

（4）操作平台上应显著地标明允许荷载值。操作平台上人员和物料的总重量，严禁超过设计的允许荷载。应配备专人加以监督。

七、交叉作业安全要求

（1）交叉作业是指在施工现场的上下不同层次，于空间贯通状态下同时进行的高处作业。

（2）支模、粉刷、砌墙等各工种进行上下立体交叉作业时，不得在同一垂直方向上操作。下层作业的位置，必须处于依上层高度确定的可能坠落范围半径之外。不符合以上条件时，应设置安全防护层。

（3）钢模板、脚手架等拆除时，下方不得有其他操作人员。

（4）钢模板部件拆除后，距临时堆放处距离楼层边缘不小于 1 m，堆放高度不得超过 1 m。楼层边口、通道口、脚手架边缘等处，严禁堆放拆下的任何物件。

（5）结构施工自二层起，凡人员进出的通道口（包括井架、施工用电梯的进出通道口），均应搭设安全防护棚。高度超过 24 m 的层次上的交叉作业，应设双层防护。

（6）由于上方施工可能坠落物件或处于起重机把杆回转范围之内的通道，在其受影响的范围内，必须搭设顶部能防止穿透的双层防护廊。

第五节　防护设备的安全使用要求

一、安全网的安全使用要求

（1）网的检查内容包括：网内不得存留建筑垃圾，网下不能堆积物品，网身不能出现严重变形和磨损，以及是否会受化学品与酸、碱、烟雾的污染及电焊火花的烧灼等。

（2）支撑架不得出现严重变形和磨损，其连接部位不得有松脱现象。网与网之间及网与支撑之间的连接点不允许出现松脱。所有绑拉的绳都不能使其受严重的磨损或有变形。

（3）网内的坠落物要经常清理，保持网体洁净。还要避免大量焊接或其他火星落入网内，并避免高温或蒸汽环境。当网体受到化学品污染或网绳嵌入粗砂粒或其他可能引起磨损的异物时，须进行清洗，清洗后使其自然干燥。

（4）安全网在搬运中不可使用铁钩或带尖刺的工具，以防损伤网绳。网体要存放在仓库或专用场所，并将其分类、分批存放在架子上，不允许随意乱堆。对仓库要求具备通风、遮光、隔热、防潮、避免化学物品的侵蚀等条件。在存放过程中，也要求对网体作定期检验，发现问题，立即处理，以确保安全。

二、安全帽的安全使用要求

安全帽是用来避免或减轻外来冲击和碰撞对头部造成伤害的防护用品。

（1）所有进入施工现场的人员，都必须佩戴安全帽。作业中不得将安全帽脱下，搁置一旁，或当坐垫使用。

（2）国家标准中规定佩戴安全帽的高度，为帽箍底边至人头顶端（以试验时木质人头模型代表）的垂直距离为80～90 mm。国家标准对安全帽最主要的要求是能够承受5 000 N的冲击力。

（3）要正确使用安全帽，要扣好帽带，调整好帽衬间距（一般为40～50 mm），帽衬的作用在于吸收和缓解冲击力，安全帽无帽衬，就失去了保护头部的功能，也勿使其轻易松脱或颠动摇晃。缺衬缺带或破损的安全帽不准使用，因其分解和削减外来冲击力的性能已减弱或丧失，应立即更换。

三、安全带的安全使用要求

无数事例证明，安全带是“救命带”。可是有少数人觉得系安全带麻烦，上下行走不方便，特别是一些简单工作、临时工作，认为“有系安全带的时间活都干完了”。殊不知，事故发生就在一瞬间，所以高处作业必须按规定要求系好安全带。

（1）安全带使用前应检查绳带有无变质、卡环是否有裂纹，卡簧弹跳性是否良好。

（2）高挂低用。将安全带拴挂在高处，人在下面工作称为高挂低用。这是一种比较安全合理的科学系挂方法。它可以使有坠落发生时的实际冲击距离减小。与之相反的是低挂高用，就是安全带拴挂在低处，而人在上面作业。这是一种很不安全的系挂方法，因为当坠落发生时，实际冲击的距离会加大，人和绳都要受到较大的冲击负荷。所以安全带必须高挂低用，杜绝低挂高用。

（3）安全带要拴挂在牢固的构件或物体上，要防止摆动或碰撞，绳子不能打结使用，钩子要挂在连接环上。

（4）在攀登和悬空等作业中，必须佩戴安全带并有牢靠的挂钩设施，严禁只在腰间佩戴安全带，而不在固定的设施上拴挂钩环。

（5）高处作业如安全带无固定挂处，应采用适当强度的钢丝绳或采取其他方法。禁止把安全带挂在移动或带尖锐棱角或不牢固的物件上。

（6）安全带绳保护套要保持完好，以防绳被磨损。若发现保护套损坏或脱落，必须加上新套后再使用。

（7）安全带严禁擅自接长使用。如果使用 3 m 及以上的长绳时必须要加缓冲器，各部件不得任意拆除。

（8）安全带在使用前要检查各部位是否完好无损。安全带在使用后，要注意维护和保管。

（9）安全带不使用时要妥善保管，不可接触高温、明火、强酸、强碱或尖锐物体，不要存放在潮湿的仓库中保管。

（10）安全带在使用 2 年后应抽验一次，抽检过的样带要更换新绳。频繁使用的安全带应经常进行外观检查，发现异常必须立即更换。

第六节　施工现场消防的安全要求

一、施工现场防火的基本要求

1. 动火审批制度

（1）一级动火作业由所在单位行政负责人填写动火申请表，

编制安全技术措施，报公司保卫部门及消防部门审查批准后，方可动火。动火期限为一天。凡属以下情况之一的为一级动火作业：

1）禁火区域内。

2）油罐、油箱、油槽车和储存过可燃气体、易燃液体的容器以及连接在一起的辅助设备。

3）各种受压设备。

4）危险性较大的登高焊接、切割作业。

5）比较密封的室内、容器内、地下等场所。

6）现场堆有大量可燃性物质的场所。

（2）二级动火作业由所在工地、车间的负责人填写动火申请表，编制安全技术措施方案，报本单位主管部门审查批准后，方可动火，动火期限为 3 天。凡属以下情况之一的为二级动火作业：

1）在具有一定危险因素的非禁火区域进行临时焊接、切割等用火作业。

2）小型油箱等容器。

3）登高焊接、切割等用火作业。

（3）三级动火作业由所在班组填写动火申请表，经工地、车间负责人及主管人员审查批准后，方可动火，动火期为 7 天。在非固定的，无明显危险因素的场所进行用火作业，均属三级动火作业。

（4）古建筑和重要文物单位等场所动火作业，按一级动火手续上报审批。

2. 施工现场的防火要求

（1）施工现场的平面布置图、施工方法和施工技术，均应符合消防安全要求。

（2）施工现场应明确划分用火作业、易燃可燃材料堆放、仓库、废品集中站和生活等的区域。

（3）施工现场的道路应畅通无阻；夜间应设照明，并加强值班巡逻。

（4）不准在高压架空线下面搭设临时性建筑物或堆放可燃物品。

（5）土建开工前应将消防器材和设施配备好，应敷设好室外消防水管、消防栓、砂箱、铁锹等。

（6）施工现场的动火作业，必须执行审批制度：

1）一级动火作业由所在单位行政负责人填写动火申请表和编制安全技术措施方案，报公司安全部门审查批准后，方可动火。

2）二级动火作业由所在工地负责人填写动火申请表和编制安全技术措施方案，报本单位主管部门审查批准后，方可动火。

3）三级动火作业由所在班组填写动火申请表，经工地负责人审查批准后，方可动火。

3. 特殊施工现场的防火要求

（1）24 m 以上的高层建筑施工现场，应设置具有足够扬程的高压水泵或其他防火设备和设施。

（2）增高临时消防水箱，必须保证有足够的消防水源。

（3）进入内装饰阶段，要明确规定吸烟点。

（4）严禁在屋顶用明火熔化柏油。

（5）高层建筑和地下工程施工现场应备有通讯报警装置，以便于及时报告险情。

二、重点工种的防火要求

电工的防火要求：

（1）电工应经过专门培训，掌握安装与维修的安全技术，并经过考试合格后，方准独立操作。

（2）施工现场暂设线路、电气设备的安装与维修应严格执行规范。

（3）新设、增设的电气设备，必须由主管部门或人员检查合格后，方可通电使用。

（4）各种电气设备或线路，不应超过安全负荷，并要牢靠、绝缘良好和安装合格的保险设备，严禁用铜丝、铁丝等代替保险丝。

（5）放置及使用易燃液体、气体的场所，应采用防爆型电气设备及照明灯具。

（6）定期检查电气设备的绝缘电阻是否符合“不低于 1 kΩ/V（如对地 220 V 绝缘电阻应不低于 0.22 MΩ）”的规定，发现隐患，应及时排除。

（7）不可用纸、布或其他可燃材料做无骨架的灯罩，灯泡距可燃物应保持一定的距离。

（8）变（配）电室应保持清洁、干燥。变电室要有良好的通风。配电室内禁止吸烟、生火及保存与配电无关的物品（如食物等）。

（9）施工现场严禁私自使用电炉、电热器具。

（10）当电线穿过墙壁、苇席或与其他物体接触时，应当在电线上套有磁管等非燃材料加以隔绝。

（11）电气设备和线路应经常检查，发现可能引起火花、短路、发热和绝缘损坏等情况时，必须立即处理。

（12）各种机械设备的电闸箱内，必须保持清洁，不得存放其他物品，电闸箱应配销。

（13）电气设备应安装在干燥处，各种电气设备应有妥善的防雨、防潮设施。

（14）每年雨季前要检查避雷装置，避雷针接点要牢固，电阻不应大于 10 Ω。

三、防火设施的配备要求

灭火器材的配备：

（1）仓库的室外消防用水量，应按照《建筑设计防火规范（2018 年版）》（GB 50016—2014）的有关规定执行。

（2）应有足够的消防水源，其进水口一般不应少于两处。

（3）室外消火栓应沿消防车道或堆料场内交通道路的边缘设置，消火栓之间的距离应不大于 50 m。

（4）采用低压给水系统，管道内的压力在消防用水量达到最大时，不低于 0.1 MPa；采用高压给水系统，管道内的压力应保证两支水枪同时布置的堆场内最远和最高处的要求，水枪充实水柱不小于 13 m，每支水枪的流量不小于 5 L/s。

（5）仓库或堆料场内，应分组布置酸碱、泡沫、二氧化碳等灭火器，每组灭火器不少于 4 个，每组灭火器之间的距离不应大于 30 m。

（6）一般临时设施区，应每 100 m^2 配备 2 个 10 L 灭火机，大型临时设施总面积超过 1 200 m^2，应备有专供消防用的太平桶、积水桶（池）、黄沙池等器材设施；上述设施周围不得堆放物品。

（7）临时木工间、油漆间、木、机具间等，每 25 m^2 应配备 1 个种类合适的灭火机；油库、危险品仓库应配备足够数量、种类的灭火机。

四、季节性施工的防火要求

1. 冬季施工的防火要求

（1）炉火安装与使用的防火要求：

1）冬季施工的加热采暖方法，应尽量使用暖气，如果用火炉，必须事先提出方案和防火措施，经消防保卫部同意方能开火。

2）在油漆、喷漆、油漆调料间、木工房、料库、使用高分子装修材料的装修阶段，禁止用火炉采暖。

3）各种金属火炉与可燃物和易燃保温材料的距离不得小于1 m，已做防火保护层的火炉距可燃物的距离不得小于70 cm。各种砖砌火炉壁厚不得小于30 cm。

4）各种火炉的炉身、烟囱和烟囱出口等部分与电源线和电气设备应保持50 cm以上的距离。

（2）易燃、可燃材料的防火要求：

1）冬季施工应尽量采用不燃或难燃的材料进行保温。

2）使用可燃材料进行保温的工程，必须设专人进行监护、检查。

3）保温材料定位以后，禁止一切用火、用电作业，特别是下层进行保温作业，上层进行用火、用电作业。

4）照明线路、照明灯具应远离可燃的保温材料。

5）保温材料使用完以后，要随时进行清理，集中进行存放保管。

（3）冬季消防器材的保温防冻要求：

1）应尽量安装地下消火栓，在入冬前进行一次试水，用草帘、锯末等覆盖，以防冻结。冬天下雪时，应及时扫除消火栓上的积雪，以免雪化后将消火栓井盖冻住。

2）高层临时消防竖管应进行保温或将水放空，消防水泵内应考虑采取措施，以免冻结。

3）轻便消防器材。入冬前应将泡沫灭火器、清水灭火器等放入有采暖的地方，并套上保温套。

2. 雨季和夏季施工的防火要求

（1）雨季施工到来之前，应对每个配电箱、用电设备进行一次检查，必须采取相应的防雨措施，防止因短路造成起火事故。

（2）油库、易燃易爆物品库房、塔吊、卷扬机架、脚手架、在施工的高层建筑工程等部位及设施都应安装避雷设施。

（3）每年雨季之前，应对避雷装置进行一次全面检查。

第七节　施工现场用电的安全要求

一、配电箱、开关箱使用与维护的安全要求

（1）施工现场所有配电箱、开关箱都要由专人负责（专业电工），所有配电箱、开关箱应配锁，并标明其名称、用途，做出分路标记。

（2）开关箱操作人员应熟悉开关电器的正确操作方法；施工现场停业作业 1 h 以上时，应将动力开关箱断电上锁。

（3）配电箱、开关箱内不得放置任何杂物，不得挂接其他临时用电设备；使用和更换熔断器时，要符合规格要求，严禁用铜丝等代替保险丝。

（4）所有配电箱和开关箱每月必须由专业电工检查、维修一次，电工必须穿戴绝缘防护用品，使用电工绝缘工具；非电工人员不许私自乱接电器和动用施工现场的用电设备。

（5）配电箱的进线和出线不得受外力，严禁与金属尖锐断口和强腐蚀介质接触。

二、自备发电机组的安全要求

（1）大型桥梁施工现场、隧道和预制场地，应有自备电源，以免因电网停电造成工程损失和出现事故。

（2）施工现场临时用自备发电机组的供配电系统应采用三相五线制中性点直接接地系统，并须独立设置，与外电线路隔离，不得有电气连接；自备发电机组的电源应与外电线路电源连锁，严禁并列运行；发电机组应设置短路保护和过负荷保护。

（3）发电机控制屏宜装设交流电压表、交流电流表、有功功率表、电度表、功率因素表、频率表和直流电流表。

（4）发电机组的排烟管道必须伸出室外。发电机组及其控制配电室内严禁存放储油桶。

（5）在非三相五线制供电系统中，电气设备的金属外壳应做接地保护，其接地电阻不大于 4 Ω，并不得在同一供电系统上有的接地，有的接零。

三、电动机械设备的安全要求

（1）塔式起重机、拌和设备、室外电梯，滑升模板、物料提升机等需要设置避雷装置的井字架等，除应做好保护接零外，电动机械的金属外壳，必须有可靠的接地措施或临时接地装置，防止电动机械的金属外壳带电，电流就会通过地线流入地下，从而避免人身触电事故的发生。

（2）电动机械的供电线路必须按照用电规则安装，不可乱拉乱接。

（3）电动施工机械的负荷线，必须按其容量选用无接头的多股铜芯橡皮护套软电缆，其中绿/黄色线在任何情况下只能用作保护零线或重复接地。

（4）每一台电动机械的开关箱内，除应装设过负荷、短路、漏电保护装置外，还必须装设隔离开关。以便在发生事故时，迅速切断电源。

（5）大型桥梁外用电梯，属于载人、载物的客货两用电梯；要设置单独的开关箱，特别要有可靠的极限控制及通信联络。

（6）塔式起重机运行时，要注意与外电架空线路或其他防护设施保持安全距离。

（7）移动电动机械须事先关掉电源，不可带电移动电动机械。

（8）电动机械发生故障需停电检修。同时，须悬挂“禁止合闸”等警告牌，或者派专人看守，以防有人误将闸刀合上。

（9）电动机械操作人员要增强安全观念，严格执行机电设备安全操作规程。在操作时，应穿工作服、绝缘鞋等个人安全防护用品，严禁用手和湿布擦拭电动机械设备或在电线上悬挂衣物。

四、电动工具使用的安全要求

（1）施工现场使用的电动工具一般都是手持式的，如电钻、冲击钻、电锤、射钉枪、电刨、切割机、砂轮、手持式电锯等，按其绝缘和防触电性能可分为 3 类，即Ⅰ类工具、Ⅱ类工具、Ⅲ类工具。

（2）一般场所（空气湿度小于 75%）可选用Ⅰ类或Ⅱ类手持式电动工具，其金属外壳与 PE 线的连接点不应少于两处。装设的额定漏电动作电流不大于 15 mA，额定漏电动作时间小于 0.1 s 的漏电保护器。

（3）在潮湿场所或金属构架上操作时，必须选用Ⅱ类或由安全隔离变压器供电的Ⅲ类手持式电动工具，严禁使用Ⅰ类手持式电动工具。使用金属外壳Ⅱ类手持式电动工具时，其金属外壳可与 PE 线相连接，并设漏电保护。

（4）在狭窄场所（锅炉内、金属容器、地沟、管道内等）作业时，必须选用由安全隔离变压器供电的Ⅲ类手持式电动工具。

（5）手持电动工具应配备装有专用的电源开关和漏电保护器的开关箱，严禁一台开关接两台以上设备，其电源开关应采用双刀控制；使用手持电动工具前，必须检查外壳、手柄、负荷线、插头等是否完好无损，接线是否正确（防止相线与零线错接）。

（6）手持电动工具开关箱内应采用插座连接，其插头、插座应无损坏，无裂纹，且绝缘良好；发现手持电动工具外壳、手柄破裂，应立即停止使用并进行更换。

（7）手持式电动工具的负荷线应采用耐气候型橡皮护套铜芯软电缆，并且不得有接头，在使用前必须做空载检查，运转正常后方可使用。

（8）作业人员使用手持电动工具时，应穿绝缘鞋，戴绝缘手套，操作时握其手柄，不得利用电缆提拉。

（9）长期搁置不用或受潮的工具在使用前应由电工测量绝缘阻值是否符合要求。

五、施工现场照明电器的安全要求

（1）一般场所选用额定电压为 220 V 的照明器，特殊场所必须使用安全电压照明器，如隧道工程、有高温、导电灰尘或灯具距地高度低于 2.4 m 等场所，电源电压应不大于 36 V；在潮湿和易触及带电体场所内的照明电源电压不得大于 24 V；特别潮湿场所，导电良好地面、锅炉或金属容器、管道内工作的照明电源电压不得大于 12 V。

（2）临时照明线路必须使用绝缘导线。临时照明线路必须使用绝缘导线，户内（工棚）临时线路的导线必须安装在离地 2 m 以上的支架上；户外临时线路必须安装在离地 2.5 m 以上的支架上，零星照明线不允许使用花线，一般应使用软电缆线。

（3）在坑洞内作业，夜间施工或作业工棚、料具堆放场、仓库、办公室、食堂，宿舍及自然采光差等场所，应设一般照明、局部照明或混合照明。在一个工作场所内，不得只设局部照明。

（4）停电后作业人员需及时撤离现场的特殊工程，如夜间高处作业工程、隧道工程等，还必须装设由独立自备电源供电的应急照明。

（5）对于夜间可能影响飞机及其他飞行器安全通行的主塔及高大机械设备或设施，如塔式起重机外用电梯等，应在其顶端设置醒目的红色警戒照明。

（6）湿度正常（≤75%）的一般场所，可选用普通开启式照明器。

（7）潮湿或特别潮湿（相对湿度＞75%）的场所，属于触电危险场所，必须选用密闭性防水照明器或配有防水灯头的开启式照明器。

（8）含有大量尘埃但无爆炸和火灾危险的场所，属于触电一般场所，必须选用防尘型照明器，以防止灰尘影响照明器安全发光。

（9）有爆炸和火灾危险的场所，亦属触电危险场所，应按危险场所等级选用防爆型照明器。

（10）存在较强振动的场所，必须选用防振型照明器。

（11）有酸碱等强腐蚀介质场所，必须选用耐酸碱型照明器。

（12）一般 220 V 灯具室外高度不低于 3 m，室内不低于 2.4 m；碘钨灯及其他金属卤化物灯安装高度宜在 3 m 以上。

（13）任何灯具必须经照明开关箱配电与控制，应配置完整的电源隔离、过载与短路保护及漏电保护电器；路灯还应逐灯另设熔断器保护；灯具的相线开关必须经开关控制，不得直接引入灯具。

（14）进入开关箱的电源线，严禁用插销连接。

（15）暂设工程的照明灯具宜用拉线开关控制，其安装高度距地面 2～3 m，职工宿舍区禁止设置床头开关。

六、施工现场安全用电技术档案八个要点

（1）施工现场用电组织设计的全部资料。

（2）修改施工现场用电组织设计资料。

（3）用电技术交底资料。

（4）施工现场用电工程检查验收表。

（5）电气设备试验、检验凭单和调试记录。

（6）接地电阻，绝缘电阻，漏电保护器漏电动作参数测定记录表。

（7）定期检（复）查表。

（8）电工安装、巡检、维修、拆除工作记录。

七、触电事故的原因分析

（1）缺乏电气安全知识，自我保护意识淡薄。

（2）违反安全操作规程。

（3）不使用 TN-S 接零保护系统。

（4）电气设备安装不合格。

（5）电气设备缺乏正常检修和维护。

（6）偶然因素。

第八节　土方作业的安全要求

（1）施工人员必须按照安全技术交底的要求进行挖掘作业。

（2）土方开挖前必须做好降（排）水，防止地表水、施工用水

和生活废水侵入施工场地或冲刷边坡。

（3）挖土应从上而下逐层挖掘，土方开挖应遵循“开槽支撑，先撑后挖，层层分挖，严禁掏（超）挖”的原则。

（4）坑（槽）沟上必须设置供人员上下的专用通道或爬梯。严禁直接在坑壁上掏挖充当通道或爬梯使用。

（5）开挖坑（槽）沟的深度超过 1.5 m 时，必须根据土质和深度放坡或增加可靠支撑。

（6）土方深度超过 2 m 时，周边必须设两道护身栏杆，危险处夜间需设红色警示灯。

（7）配合机械挖土、清底、平地修坡等作业时，不得在机械回转半径以内作业。

（8）作业时要随时注意检查土壁变化，如发现有裂纹或部分塌方，必须采取果断应急措施，将人员撤离，排除隐患，确保安全。

（9）坑（槽）沟边 1 m 以内不准堆土、堆料，不准停放机械。

（10）深基坑施工前，作业人员必须按照施工组织设计及施工方案组织施工。

（11）深基坑施工前，必须掌握场地的工程环境，如了解建筑地块及其附近的地下管线、地下埋设物的位置、深度等。

（12）雨期深基坑施工中，必须注意排除地面雨水，防止倒流入基坑，同时注意雨水的渗入，土体强度降低、土压力加大容易造成基坑边坡坍塌事故。

（13）基坑内必须设置明沟和集水井，以排除因暴雨突然而来形成的明水。

（14）严禁在边坡或基坑四周超载堆积材料、设备以及在高边坡危险地带搭建工棚。

（15）施工道路与基坑边的距离应满足要求，以免对坑壁产生扰动。

（16）深基坑四周必须设置两道 1.2 m 高的防护围栏，防护围栏应牢固可靠，底部应设置一道踢脚板，以防落物伤人。

（17）深基坑作业时，必须合理设置供人员上下行的扶梯或其他形式通道，扶梯结构牢固，确保人员上下方便。

（18）基坑内照明必须使用 36 V 以下安全电压，线路架设符合施工用电规范要求。

（19）基坑作业时，土质较差且施工工期较长的基坑，边坡宜采用钢丝网、水泥或其他材料进行护坡。

第九节　钢筋加工及现场操作的安全要求

一、一般操作要求

（1）每班作业前，必须检查卷扬机钢丝绳、滑轮、拉钩、地锚、电气设备、照明设施等是否符合要求，地锚及防护装置应齐全牢靠，确认安全后方可作业。

（2）操作人员应经过培训，了解机械设备的构造、性能和用途，掌握有关使用、维修、修养的安全技术知识。并应按照清洁、调整、坚固、防腐、润滑的要求，维修保养机械。

（3）电动机械运行中停电时，应立即切断电源。收工前应按规定程序停机，离开现场前必须切断电源，锁好闸箱，清理作业场所。电路故障应由专业电工排除，严禁电工以外人员接、拆、修电器设备。

（4）电动机械的电闸箱必须按照规定安装漏电保护器，并应灵敏有效。

（5）机械作业时必须扎紧袖口、理好衣角、扣好衣扣，不得戴手套。作业人员的长发不得外露。

（6）机械作业前应空车运转，确认正常后方可作业。机械的链条、齿轮和皮带等传动部分必须安装防护罩或防护板。

（7）卷扬机运转时，严禁人员靠近冷拉钢筋和牵引钢筋的钢丝绳。

（8）导向滑轮不得使用开口滑轮，与卷扬机的距离不得小于5 cm。维修或停机，必须切断电源，锁好箱门。

（9）用配重控制的设备必须与滑轮匹配，并有指示起落的记号或设专人指挥。配重框提起的高度应限制在离地面 300 mm 以内。配重架四周应设栏杆及警告标志。

二、手工加工与绑扎的安全要求

（1）作业前必须检查工作环境、照明设施等，并试运行符合安全要求后方可作业。上岗作业人员须经过安全培训考试合格。

（2）钢材、半成品必须按规格码放整齐。不得在脚手架上集中码放钢筋，应随用随取。

（3）电动机械的电闸箱必须按照规定安装漏电保护器，并应灵敏有效。

（4）作业人员的长发不得外露，应戴好安全帽。

（5）工作完毕后，应用工具将铁筋头清除，严禁用手擦抹或用嘴吹。切好的钢材、半成品必须按规格码放整齐。

（6）抬运钢筋人员应协调配合，互相照应。

（7）切断长料时，应安排专人扶稳钢筋，操作时动作应一致。钢筋短头应使用钢管套夹具夹住。钢筋短于 30 cm 时，应使用套夹具，严禁手扶。

（8）手工切断钢筋时，夹具必须牢固。控制切具的人员与打锤人员必须站成斜角，严禁面对面操作。抡锤作业区域内不得有其他人员。打锤人不得戴手套。

(9) 展开盘条钢筋时，应当卡牢端头。切断前应当压稳，防止回弹伤人。

(10) 人工弯曲钢筋时，应放平扳手，用力不得过猛。

(11) 绑扎钢筋的绑丝头，应当弯回至骨架内侧。

(12) 绑扎基础钢筋时，铺设走道板，作业人员应在走道板上行走，不得直接踩踏钢筋。深基础或夜间施工应使用低压照明灯具。

(13) 在高处（2m 或 2m 以上）、深坑（槽）绑扎立柱、墙体钢筋应搭设或操作平台，临边搭设防护栏杆，作业时不得站在钢筋骨架上，不得攀登钢筋骨架上下。高于 4 m 的钢筋骨架应撑稳或拉牢。

(14) 吊装钢筋骨架时，上方不得有人。钢筋骨架距就位处 1 m 以内时，作业人员方可靠近辅助就位，就位后必须先支撑稳固后再摘钩。

(15) 下沟槽（坑）作业前检查沟槽（坑）壁的稳定性，槽边不应有易坠物，确认安全后方可作业。

(16) 吊装较长的钢筋骨架时，应设控制缆绳。持绳者不得站在骨架下方。

(17) 抬运、吊装钢筋骨架时，必须服从指挥。

(18) 雪后露天加工钢筋，应先除雪防滑，清除泥泞后再作业。

(19) 暂停绑扎时，应检查所绑扎的钢筋或骨架，确认连接牢固后方可离开现场。

(20) 绑扎立柱和墙体钢筋时，不得站在钢筋骨架上或攀登骨架上下。

(21) 绑扎基础钢筋，应设钢筋支架或马凳，深基础或夜间施工应使用的低压照明灯具。

（22）钢筋骨架安装，下方严禁站人，必须待骨架降落至距楼地面或安装标高 1 m 以内人员方准靠近操作，待就位放稳或支撑好后，方可摘钩。

（23）绑扎和安装钢筋，不得将工具、箍筋或短钢筋随意放在脚手架或模板上。

（24）在高处楼层上拉钢筋或钢筋调向时，必须事先观察运行上方或周围附近是否有高压线，严防碰触。

三、钢筋加工机械操作的安全要求

1. 切断机操作

（1）操作前必须检查切断机刀口，确定安装正确，刀片无裂纹，刀架螺栓坚固，防护罩牢靠，然后扳动皮带轮检查齿轮间隙，调整刀刃间隙，空运转正常后再进行操作。

（2）使用切断机作业时应摆直、紧握钢筋，应在活动切刀向后退时送料入刀口，并在固定切刀时送料入刀口，并在固定切刀一侧压住钢筋。严禁在切刀向前运动时送料。

（3）使用切断机作业时应摆直、紧握钢筋，应在活动切刀向后退时送料。严禁两手同时在切刀两侧握住钢筋俯身送料。

（4）钢筋切断应在钢筋被调直后进行，多根钢筋一次切断时，总截面积应在规定的范围内。

（5）切长料时应设置送料工作台，并安排专人扶稳钢筋，操作时动作应一致。手握端的钢筋长度不得短于 40 cm，手与切口间距不得小于 15 cm。切断小于 40 cm 长的钢筋时，应用钢导管或钳子夹牢钢筋。严禁直接用手送料。

（6）作业中严禁用手清除铁屑、断头等杂物。机械运转中严禁进行检修、加油、更换部件。

（7）发现机械运转异常、刀片歪斜等，应立即停机检修。在钢筋摆动范围内和刀口附近，非操作人员不得停留。

2. 除锈机操作

（1）除锈前先检查钢丝刷的固定螺栓有无松动，传动部分润滑应符合要求，还要检查封闭式防护罩及排尘设备等完好情况。

（2）使用除锈机作业时，应戴防尘口罩、护目镜和手套。

（3）除锈作业应在钢筋被调直后进行，带钩钢筋不得上除锈机。操作时应放平并握紧钢筋，操作者应站在钢丝刷或喷砂器的侧面，严禁除锈机下面站人。

（4）整根长钢筋除锈时，应由两人配合操作。

第十节　模板施工的安全要求

一、模板施工前的安全技术交底

（1）模板安装操作人员应严格按模板工程设计的材质、施工方案和工序进行施工，模板没有固定前不得进行下道工序的施工。

（2）模板工程作业高度在 2 m 和 2 m 以上时，要根据高空作业安全技术规范的要求进行操作和防护，要有可靠安全的操作架子，4 m 以上或二层及二层以上，周围应设安全网和防护栏杆。

（3）临街及交通要道地区施工应设警示牌，避免伤及行人。

（4）操作人员不许攀登模板，不许在墙顶、独立梁及其他狭窄而无防护栏的模板面上行走。

（5）进行高处作业的架子上、平台上一般不宜堆放模板。工人所用工具、模板零件应放在工具袋内，以免坠落伤人。

（6）高耸结构的模板作业，在雨季施工时要安装避雷设施，其接地电阻不得大于 40，5 级以上大风天气，不宜进行大块模板的拼装和吊装作业。

（7）木模板应远离火源堆放。在架空输电线路下面进行模板施工时，如果不能停电作业，应采取隔离防护措施。

（8）模板支撑不能固定在脚手架或门窗上，避免发生倒塌事故或模板的位移。

二、拆模作业的安全要求

（1）模板拆除时，混凝土强度必须达到《混凝土结构工程施工质量验收规范》（GB 50204—2015）的要求。

（2）侧模在混凝土强度能保证其表面及棱角不因拆除模板而受损坏后，方可拆除。

（3）承重模板、梁板等现浇结构拆模时所需混凝土强度见表 4-2。

表 4-2　底模拆除时的混凝土强度要求

结构类型	结构跨度/m	按达到设计混凝土强度标准值的百分率计/%
板	≤2	≥50
	>2，≤8	≥75
	>8	≥100
梁、拱、壳	≤8	≥75
	>8	≥100
悬臂构件	≤2	≥75
	>2	≥100

（4）在拆模过程中，如发现结构混凝土的实际强度并未达到要求，应暂停拆模，经妥当处理，实际强度达到要求后，方可继续拆除。

（5）拆模的顺序和方法应根据模板设计的规定进行，如果模板设计无规定时，应严格遵守从上至下的原则，先拆除非承重模板，后拆除承重模板。

（6）拆模人应站在一侧，不得站在拆模下方，几个人同时拆模应注意相互间的安全距离。禁止抛掷模板。

（7）拆模时严禁猛撬、硬砸或大面积撬落或拉倒，停工前不得留下松动和悬挂的模板，拆下的模板应及时运送到指定地点集中堆放或清理归垛。

第十一节　混凝土作业的安全要求

一、材料运输的安全要求

（1）作业前应检查运输道路和工具，确认安全。

（2）使用汽车、罐车运送混凝土时，现场道路应平整坚实，现场指挥人员应站在车辆侧面。卸料时，车轮应予挡掩。

（3）应及时清扫落在地面的材料，保持现场环境整洁。

二、混凝土浇筑与振捣的安全要求

（1）进行浇筑作业必须设专人指挥，且分工明确。

（2）使用混凝土振捣器前必须经过电工检查，确认合格后方可使用，开关箱内必须装置保护器，插座插头应完好无损，电源不得破皮漏电。操作者必须穿绝缘鞋，戴绝缘手套。

（3）往淘槽、基坑中浇注混凝土前应检查槽帮，确认安全后方可作业。

（4）沟槽深度大于 3 m 时，应设置混凝土溜槽，溜槽间节必须连接可靠，操作部位应设防护栏，不得直接站在溜放槽帮上操作。溜放时作业人员间应相互协调配合。

（5）泵送混凝土作业时，宜设2名以上人员牵引布料杆。泵送管接口、安全阀、管架等必须安装牢固，输送前应试送，检修时必须卸压。

（6）浇筑拱型结构，应自两边拱脚对称地同时进行，浇筑圈梁、雨篷、阳台应设置安全防护设施。

（7）浇筑人员在浇筑2 m高度以上框架柱、梁混凝土时，应站在脚手架或平台上作业，不得直接站在模板或支撑上操作，不得直接在钢筋上踩踏、行走。

（8）向模板内灌注混凝土时，作业人员应协调配合，灌注人员应听从振捣人员的指挥。

（9）浇筑混凝土作业时，楼板仓内照明用电必须使用12V的低压。

（10）进行预应力灌浆作业时，必须严格按照规定压力进行，输浆管道应保持畅通，阀门接头应确保严密牢固。

第五章　建筑施工安全标志

第一节　安全标志

1. 安全标志的含义

根据《安全标志及其使用导则》（GB 2894—2008），安全标志是指用以表达特定安全信息的标志，由图形符号、安全色、几何形状（边框）或文字构成。

安全标志是向工作人员警示工作场所或周围环境的危险状况，指导人们采取合理行为的标志。安全标志能够提醒工作人员预防危险，从而避免事故发生；当危险发生时，能够指示人们尽快逃离，或者指示人们采取正确、有效、得力的措施，对危害加以遏制。

安全标志不仅类型要与所警示的内容相吻合，而且设置位置要正确合理，否则难以真正充分发挥其警示作用。《消防安全标志 第 1 部分：标志》（GB 13495.1—2015）自 2015 年 8 月 1 日起正式实施。

2. 安全标志的构成

根据国家标准规定，安全标志由图形符号、安全色、几何形状（边框）或文字构成。

3. 相关分类

安全标志从内容上可分为禁止标志、警告标志、指令标志和提示标志等。

（1）禁止标志：禁止人们的不安全行为。

（2）警告标志：提醒人们注意周围环境，避免可能发生的危险。

（3）指令标志：强制人们必须做出某种动作或采用某种防范措施。

（4）提示标志：向人们提供某一信息，如标明安全设施或安全场所。

4. 建筑施工现场常用安全标志（详见附录二）

第二节　安全色和对比色

一、安全色

安全色包括红色、黄色、蓝色和绿色四种颜色。

安全色的含义及用途：

（1）红色表示禁止、停止意思。禁止、停止和有危险的器件设备或环境涂以红色标记。如禁止标志、交通禁令标志、消防设备。

（2）黄色表示注意、警告的意思。需警告人们注意的器件、设备或环境涂以黄色标记。如警告标志、交通警告标志、交通禁令标志、消防设备。

（3）蓝色表示指令、必须遵守的意思。如指令标志必须佩戴个人防护用具、交通知识标志等。

（4）绿色表示通行、安全和提供信息的意思。可以通行或安全情况涂以绿色标记。如表示通行、机器启动按钮、安全信号旗等。

二、对比色

1. 对比色的含义

对比色是人的视觉感官所产生的一种生理现象，是视网膜对色彩的平衡作用。在色相环中每一个颜色对面（180°对角）的颜色，称为“对比色”（互补色）。把对比色放在一起，会给人强烈的排斥感。若混合在一起，会调出浑浊的颜色。如：红色与绿色、蓝色与橙色、黄色与紫色互为对比色。

也可以这样定义对比色：两种可以明显区分的色彩，叫作对比色。它包括色相对比、明度对比、饱和度对比、冷暖对比、补色对比、色彩和消色的对比等。对比色是构成明显色彩效果的重要手段，也是赋予色彩以表现力的重要方法。其表现形式又有同时对比和相继对比之分。比如黄色和蓝色、紫色和绿色、红色和青色，任何色彩和黑色、白色、灰色，深色和浅色，冷色和暖色，亮色和暗色都是对比色关系。

补色是指在色谱中一原色和与其相对应的间色间所形成的互为补色关系。原色有三种，即红色、黄色、蓝色，它们是不能再分解的色彩单位。三原色中每两组相配而产生的色彩称为间色，如红色加黄色为橙色，黄色加蓝色为绿色，蓝色加红色为紫色，橙色、绿色、紫色称为间色。红色与绿色、橙色与蓝色、黄色与紫色就是互为补色的关系。由于补色有强烈的分离性，故在色彩绘画的表现中，在适当的位置恰当地运用补色，不仅能加强色彩的对比，拉开距离感，而且能表现出特殊的视觉对比与平衡效果。

2. 施工现场常用的对比色

（1）对比色有黑色、白色两种颜色，黄色安全色的对比色为黑色。红色、蓝色、绿色的对比色均为白色。而黑色、白色两色互为对比色。

（2）黑色用于安全标志的文字，图形符号，警告标志的集合图形和公共信息标志。

（3）白色则作为安全标志中红色、蓝色、绿色安全色的背景色，也可用于安全标志的文字和图形符号及安全通道，交通的标线及铁路站台上的安全线等。

（4）红色与白色相间的条纹比单独使用红色更加醒目，表示禁止通行、禁止跨越等，用于公路交通等方面的防护栏及隔离墩。

（5）黄色与黑色相间的条纹比单独使用黄色更为醒目，表示要特别注意，用于起重吊钩、剪板机压紧装置、冲床滑块等。

（6）蓝色与白色相间的条纹比单独使用蓝色醒目，用于指示方向，多为交通指导性导向标。

三、安全色与对比色相间条纹

（1）安全色与对比色相间的条纹宽度应相等，即各占50%，斜度与基准面成45°。宽度一般为100 mm，但可根据设备大小和安全标志位置的不同，采用不同的宽度，在较小的面积上其宽度可适当地缩小，每种颜色不能小于两条。

（2）目前对防护栏杆一般设置为红色与白色相间条纹，这种条纹表达的意思为：表示禁止或提示消防设备、设施位置的安全标志。

（3）黄色和黑色相间条纹：表示危险位置的安全标志。

其中的黑色条纹：表示传递禁止、停止、危险或提示消防设备、设施的信息。

其中的黄色条纹：表示传递注意、警告的信息。

（4）蓝色和白色条纹：表示必须遵守的信息。

（5）绿色和白色条纹：与提示标志牌同时使用，更为醒目地提示人们。

四、安全线

工矿企业中用以划分安全区域与危险区域的分界线。厂房内安全通道的表示线，铁路站台上的安全线都是常见的安全线。根据国家有关规定，安全线使用白色，宽度不小于 60 mm。在生产过程中，有了安全线的标示，员工就能区分安全区域和危险区域，有利于员工对安全区域和危险区域的认识和判断。

第三节　安全标志的设置

一、设置要求

在设置安全标志方面，相关法律法规已有诸多规定。例如《建设工程安全生产管理条例》（国务院令　第 393 号）第 28 条的相关规定，施工单位应当在施工现场入口处、施工起重机械、临时用电设施、脚手架出入通道口、楼梯口、电梯井口、孔洞口、桥梁口、隧道口、基坑边沿、爆破物及有害危险气体和液体存放处等危险部位，设置明显的安全警示标志。安全警示标志必须符合国家标准。

二、安全标志的安装位置

（1）防止危害。首先要考虑所有标志的安装位置都不可存在对人的危害。

（2）可视性。标志安装位置的选择很重要，标志上显示的信息不仅要正确，而且对所有的观察者要清晰易读。

（3）安装高度。通常标志应安装于观察者水平视线稍高的位置，但有些情况置于其他水平位置则是适当的。

（4）危险和警告标志。危险和警告标志应设置在危险源前方足够远处，以保证观察者在首次看到标志及注意到此危险时有充足的时间，这一距离随不同情况而变化。例如，警告不要接触开关或其他电气设备的标志，应设置在它们近旁，而大厂区或运输道路上的标志，应设置于危险区域前方足够远的位置，以保证人们在到达危险区之前就可观察到此种警告，从而有所准备。

（5）安全标志不应设置于移动物体上，如门，因为物体位置的任何变化都会造成人们对标志的观察变得模糊不清。

（6）已安装好的标志不应被任意移动，除非位置的变化有益于标志的警示作用。

三、安全标志的使用

（1）危险标志只安装于存在直接危险的地方，用来表明存在危险。

（2）禁止标志用符号或文字的描述来表示一种强制性的命令，以禁止某种行为。

（3）警告标志通过符号或文字来指示危险，表示必须小心行事，或用来描述危险属性。

（4）安全指示标志用来指示安全设施和安全服务所在的位置，并且在此处给出与安全措施相关的主要安全说明和建议。

（5）消防标志用于指明消防设施和火灾报警的位置及如何使用这些设施。

（6）方向标志用于指明正常和紧急出口，火灾逃逸和安全设施，安全服务及卫生间的方向。

（7）交通标志用于向工作人员表明与交通安全相关的指示和警告。

（8）信息标志用于指示出特殊属性的信息，如停车场、仓库或电话间等。

（9）强制性行动标志用于表示须履行某种行为的命令以及需要采取的预防措施。例如，穿戴防护鞋、安全帽、眼罩等。

四、安全标志的维护与管理

为了有效地发挥标志的作用，应对其定期检查，定期清洗，发现有变形、损坏、变色、图形符号脱落、亮度老化等现象存在时，应立即更换或修理，从而使之保持良好状况。安全管理部门应做好监督检查工作，发现问题，及时纠正。

另外，要经常性地向工作人员宣传安全标志使用的规程，特别是那些需要遵守预防措施的人员，建议设立一个新标志或变更现存标志的位置时，应提前通告员工，并且解释其设置或变更的原因，从而使员工心中有数，只有综合考虑了这些问题，设置的安全标志才可能有效地发挥安全警示的作用。

五、安全标志的设置方式

1. 高度

安全标志牌的设置高度应与人眼的视线高度一致，“禁止烟火”“当心坠物”等环境标志牌下边缘距离地面高度不能小于 2 m；“禁止乘人”“当心伤手”“禁止合闸”等局部信息标志牌的设置高度应视具体情况而定。

2. 角度

标志牌的平面与视线夹角应接近 90°，观察者位于最大观察距离时，最小夹角不小于 75°。

3. 位置

标志牌应设在与安全有关的醒目和明亮地方，并使大家看见后，有足够的时间来注意它所代表的内容。环境信息标志宜设在有关场所的入口处和醒目处；局部信息标志应设在所涉及的相应危险地点或设备（部件）附近的醒目处。标志牌一般不宜设置在可移动的物体上，以免这些物体位置移动后，人们看不见安全标志。标志牌前不得放置妨碍识读的障碍物。

4. 顺序

同一位置必须同时设置不同类型的多个标志牌时，应当按照警告、禁止、指令、提示的顺序，先左后右，先上后下的顺序排列设置。

5. 固定

建筑施工现场安全标志牌的固定方式主要有附着式、悬挂式两种。在其他场所也可以采用柱式。

悬挂式和附着式的固定应稳固不倾斜。柱式的标志牌和支架应牢固地连接在一起。

第六章　建筑施工职业病防治

一、职业病定义

所谓职业病，是指企业、事业单位和个体经济组织的劳动者在职业活动中，因接触粉尘、放射性物质和其他有毒、有害物质等因素引起的疾病。我国法律规定，职业病应属于工伤，当事职工享受工伤待遇。

二、建筑企业常见的职业病

（1）接触各种粉尘引起的尘肺病。

（2）电焊工尘肺、眼病。

（3）直接操作振动机械引起的手臂振动病。

（4）油漆工、粉刷工接触有机材料散发的不良气体引起的中毒。

（5）接触噪声引起的职业性耳聋。

（6）长期超时、超强度地工作，精神长期过度紧张造成的相应职业病。

（7）高温中暑等。

三、职业病的诊断与鉴定

根据《中华人民共和国职业病防治法》（以下简称《职业病防治法》）和《职业病诊断与鉴定管理办法》的有关规定，具体程序为：

（1）职业病诊断应当由省级以上人民政府卫生行政部门批准的医疗卫生机构承担，劳动者可以在用人单位所在地或者本人居住地依法承担职业病诊断的医疗卫生机构进行职业病诊断。

（2）当事人申请职业病诊断时应当提供以下材料：

①职业史、既往史。

②职业健康监护档案复印件。

③职业健康检查结果。

④工作场所历年职业病危害因素检测、评价资料。

⑤诊断机构要求提供的其他必需的有关材料。

（3）职业病诊断应当依据职业病诊断标准，结合职业病危害接触史、工作场所职业病危害因素检测与评价、临床表现和医学检查结果等资料，综合做出分析。

（4）职业病诊断机构在进行职业病诊断时，应当组织 3 名以上取得职业病诊断资格的执业医师进行集体诊断。

（5）职业病诊断机构做出职业病诊断后，应当向当事人出具职业病诊断证明书。职业病诊断证明书应当明确是否患有职业病，对患有职业病的，还应当载明所患职业病的名称、程度（期别）、处理意见和复查时间。

（6）当事人对职业病诊断有异议的，在接到职业病诊断证明书之日起 30 日内，可以向做出诊断的医疗卫生机构所在地的市级卫生行政部门申请鉴定。

（7）当事人申请职业病诊断鉴定时，应当提供以下材料：

①职业病诊断鉴定申请书。

②职业病诊断证明书。

③其他有关资料。职业病诊断鉴定办事机构应当自收到申请资料之日起 10 日内完成材料审核，对材料齐全的发给受理通知书；材料不全的，通知当事人补充。职业病诊断鉴定办事机构应当在受理鉴定之日起 60 日内组织鉴定。

（8）鉴定委员会应当认真审查当事人提供的材料，必要时可以听取当事人的陈述和申辩，对被鉴定人进行医学检查，对被鉴定人的工作场所进行现场调查取证。

（9）职业病诊断鉴定书应当包括以下内容：

①劳动者、用人单位的基本情况及鉴定事由。

②参加鉴定的专家情况。

③鉴定结论及其依据，如果为职业病，应当注明职业病名称、程度（期别）。

④鉴定时间。职业病诊断鉴定书应当于鉴定结束之日起 20 日内由职业病诊断鉴定办事机构发送给当事人。

四、建筑施工常见职业病防治措施

（1）接触各种粉尘引起的尘肺病预防控制措施。

作业场所防护措施：加强水泥等易扬尘的材料的存放处、使用处的扬尘防护；任何人不得随意拆除防护措施；在易扬尘部位设置警示标志。

个人防护措施：落实相关岗位人员的持证上岗，给施工作业人员提供扬尘防护口罩，杜绝施工操作人员的超时工作。

（2）电焊工尘肺、眼病的预防控制措施。

作业场所防护措施：为电焊工提供通风良好的操作空间。

个人防护措施：电焊工必须持证上岗；作业时佩戴有害气体防护口罩、眼睛防护罩；杜绝违章作业；杜绝施工操作人员的超时工作，采取轮流作业。

（3）直接操作振动机械引起的手臂振动病的预防控制措施。

作业场所防护措施：在作业区设置预防职业病警示标志。

个人防护措施：机械操作工要持证上岗；提供振动机械防护手套；延长换班休息时间，杜绝作业人员的超时工作。

（4）油漆工、粉刷工接触有机材料散发不良气体引起的中毒预防控制措施。

作业场所防护措施：加强作业区的通风排气措施。

个人防护措施：相关工种持证上岗；给作业人员提供防护口罩；轮流作业，杜绝作业人员的超时工作。

（5）接触噪声引起的职业性耳聋的预防控制措施。

作业场所防护措施：在作业区设置防职业病警示标志，对噪声大的机械加强日常保养和维护，减少噪声污染。

个人防护措施：为施工操作人员提供劳动防护耳塞；轮流作业，杜绝施工操作人员的超时工作。

（6）长期超时、超强度地工作，精神长期过度紧张造成相应职业病的预防控制措施。

作业场所防护措施：提高机械化施工程度，减小工人劳动强度，为职工提供良好的生活、休息、娱乐场所，加强施工现场文明施工。

个人防护措施：不盲目抢工期，即使抢工期也必须安排充足的人员能够按时换班作业，采取 8 h 作业换班制度，及时发放工人工资，稳定工人情绪。

（7）高温中暑的预防控制措施。

作业场所防护措施：在高温期间，为职工备足饮用水或绿豆汤以及防中暑药品、器材。

个人防护措施：减少工人工作时间，延长中午休息时间。

第七章　建筑施工的环保节能与文物保护制度

第一节　施工现场的环境保护制度

一、施工现场环境噪声污染的防治

1. 排放建筑施工噪声应当符合建筑施工场界环境噪声排放标准

《环境噪声污染防治法》规定，在城市市区范围内向周围生活环境排放建筑施工噪声的，应当符合国家规定的建筑施工场界环境噪声排放标准。

按照《建筑施工场界环境噪声排放标准》（GB 12523—2011）的规定，城市建筑施工期间施工场地不同施工阶段产生的作业噪声限值为：土石方施工阶段（主要噪声源为推土机、挖掘机、装载机等），噪声限制是昼间 75dB，夜间 55dB；打桩施工阶段（主要噪声源为各种打桩机等），噪声限制是昼间 85dB，夜间禁止施工；结构施工阶段（主要噪声源为混凝土施工、振捣棒、电锯等），噪声限制是昼间 70dB，夜间 55dB；装修施工阶段（主要噪声源为吊车、升降机等），噪声限制是昼间 62dB，夜间 55dB。所谓夜间，是指晚 22 点至早 6 点期间的时间。

2. 使用机械设备可能产生环境噪声污染的申报

《环境噪声污染防治法》规定，在城市市区范围内，建筑施工过程中使用机械设备，可能产生环境噪声污染的，施工单位必须在工程开工 15 日以前向工程所在地县级以上地方人民政府环境保护行政主管部门申报该工程的项目名称、施工场所和期限、可能产生的环境噪声值以及所采取的环境噪声污染防治措施的情况。

3. 禁止夜间进行产生环境噪声污染施工作业的规定

《环境噪声污染防治法》规定，在城市市区噪声敏感建筑物集中区域内，禁止夜间进行产生环境噪声污染的建筑施工作业，但抢修、抢险作业和因生产工艺上要求或者特殊需要必须连续作业的除外。因特殊需要必须连续作业的，必须有县级以上人民政府或者其有关主管部门的证明。以上规定的夜间作业，必须公告附近居民。

所谓噪声敏感建筑物集中区域，是指医疗区、文教科研区和以机关或者居民住宅为主的区域。所谓噪声敏感建筑物，是指医院、学校、机关、科研单位、住宅等需要保持安静的建筑物。

4. 政府监管部门的现场检查

《环境噪声污染防治法》规定，县级以上人民政府环境保护行政主管部门和其他环境噪声污染防治工作的监督管理部门、机构，有权依据各自的职责对管辖范围内排放环境噪声的单位进行现场检查。

二、施工现场大气污染的防治

《大气污染防治法》规定，城市人民政府应当采取绿化责任制、加强建设施工管理、扩大地面铺装面积、控制渣土堆放和清洁运输等措施，提高人均占有绿地面积，减少市区裸露地面和地面尘土，防治城市扬尘污染。

在人口集中地区存放煤炭、煤矸石、煤渣、煤灰、砂石、灰土等物料，必须采取防燃、防尘措施，防止污染大气。严格限制向大气排放含有毒物质的废气和粉尘；确需排放的，必须经过净化处理，不超过规定的排放标准。

施工现场大气污染的防治，重点是防治扬尘污染。对于扬尘控制，建设部印发的《绿色施工导则》（建质〔2007〕223 号）中规定：

（1）运送土方、垃圾、设备及建筑材料等，不污损场外道路。运输容易散落、飞扬、流漏物料的车辆，必须采取措施封闭严密，保证车辆清洁。施工现场出口应设置洗车槽。

（2）土方作业阶段，采取洒水、覆盖等措施，达到作业区目测扬尘高度小于 1.5 m，不扩散到场区外。

（3）结构施工、安装装饰装修阶段，作业区目测扬尘高度小于 0.5 m。对易产生扬尘的堆放材料应采取覆盖措施；对粉末状材料应封闭存放；场区内可能引起扬尘的材料及建筑垃圾搬运应有降尘措施，如覆盖、洒水等；浇筑混凝土前清理灰尘和垃圾时尽量使用吸尘器，避免使用吹风器等易产生扬尘的设备；机械剔凿作业时可用局部遮挡、掩盖、水淋等防护措施；高层或多层建筑清理垃圾应搭设封闭性临时专用道或采用容器吊运。

（4）施工现场非作业区达到目测无扬尘的要求。对现场易飞扬物质采取有效措施，如洒水、地面硬化、围挡、密网覆盖、封闭等，防止扬尘产生。

（5）构筑物机械拆除前，做好扬尘控制计划。可采取清理积尘、拆除体洒水、设置隔挡等措施。

（6）构筑物爆破拆除前，做好扬尘控制计划。可采用清理积尘、淋湿地面、预湿墙体、屋面敷水袋、楼面蓄水、建筑外设高压喷雾状水系统、搭设防尘排栅和直升机投水弹等方法综合降尘。选择风力小的天气进行爆破作业。

（7）在场界四周隔挡高度位置测得的大气总悬浮颗粒物（TSP）月平均浓度与城市背景值的差值不大于 0.08 mg/m^3。

三、施工现场水污染的防治

《水污染防治法》规定，排放水污染物，不得超过国家或者地方规定的水污染物排放标准和重点水污染物排放总量控制指标。

直接或者间接向水体排放污染物的企业、事业单位和个体工商户，应当按照国务院环境保护主管部门的规定，向县级以上地方人民政府环境保护主管部门申报登记拥有的水污染物排放设施、处理设施和在正常作业条件下排放水污染物的种类、数量和浓度，并提供防治水污染方面的有关技术资料。

禁止向水体排放油类、酸液、碱液或者剧毒废液。禁止向水体排放、倾倒工业废渣、城镇垃圾和其他废弃物。

在饮用水水源保护区内，禁止设置排污口。在风景名胜区水体、重要渔业水体和其他具有特殊经济文化价值的水体的保护区内，不得新建排污口。在保护区附近新建排污口，应当保证保护区水体不受污染。

禁止利用渗井、渗坑、裂隙和溶洞排放、倾倒含有毒污染物的废水、含病原体的污水和其他废弃物。禁止利用无防渗漏措施的沟渠、坑塘等输送或者存贮含有毒污染物的废水、含病原体的污水和其他废弃物。

兴建地下工程设施或者进行地下勘探、采矿等活动，应当采取防护性措施，防止地下水污染。人工回灌补给地下水，不得恶化地下水水质。

《绿色施工导则》中进一步规定，水污染控制：

（1）施工现场污水排放应达到《污水综合排放标准》（GB 8978—1996）的要求。

（2）在施工现场应针对不同的污水，设置相应的处理设施，如沉淀池、隔油池、化粪池等。

（3）污水排放应委托有资质的单位进行废水水质检测，提供相应的污水检测报告。

（4）保护地下水环境。

（5）对于化学品等有毒材料、油料的储存地，应有严格的隔水层设计，做好渗漏液收集和处理。建设工业固体废物集中贮存、处置的设施、场所和生活垃圾填埋场。

四、施工现场固体废物污染环境的防治

1. 一般固体废物污染环境的防治

《固体废物污染环境防治法》规定，产生固体废物的单位和个人，应当采取措施，防止或者减少固体废物对环境的污染。

收集、贮存、运输、利用、处置固体废物的单位和个人，必须采取防扬散、防流失、防渗漏或者其他防止污染环境的措施；不得擅自倾倒、堆放、丢弃、遗撒固体废物。禁止任何单位或者个人向江河、湖泊、运河、渠道、水库及其最高水位线以下的滩地和岸坡等法律、法规规定禁止倾倒、堆放废弃物的地点倾倒、堆放固体废物。

转移固体废物出省、自治区、直辖市行政区域贮存、处置的，应当向固体废物移出地的省、自治区、直辖市人民政府环境保护行政主管部门提出申请。移出地的省、自治区、直辖市人民政府环境

保护行政主管部门应当及时商经接受地的省、自治区、直辖市人民政府环境保护行政主管部门同意后，方可批准转移该固体废物出省、自治区、直辖市行政区域。未经批准的，不得转移。

2. 危险废物污染环境防治的特别规定

对危险废物的容器和包装物以及收集、贮存、运输、处置危险废物的设施、场所，必须设置危险废物识别标志。以填埋方式处置危险废物不符合国务院环境保护行政主管部门规定的，应当缴纳危险废物排污费。危险废物排污费用于污染环境的防治，不得挪作他用。

收集、贮存、运输、处置危险废物的场所、设施、设备和容器、包装物及其他物品转作他用时，必须经过消除污染的处理，方可使用。

产生、收集、贮存、运输、利用、处置危险废物的单位，应当制定意外事故的防范措施和应急预案，并向所在地县级以上地方人民政府环境保护行政主管部门备案；环境保护行政主管部门应当进行检查。因发生事故或者其他突发性事件，造成危险废物严重污染环境的单位，必须立即采取措施消除或者减轻对环境的污染危害，及时通报可能受到污染危害的单位和居民，并向所在地县级以上地方人民政府环境保护行政主管部门和有关部门报告，接受调查处理。

3. 施工现场固体废物的减量化和回收再利用

《绿色施工导则》规定，制订建筑垃圾减量化计划，如住宅建筑，每万平方米的建筑垃圾不宜超过 400 t。

加强建筑垃圾的回收再利用，力争建筑垃圾的再利用和回收率达到 30%，建筑物拆除产生的废弃物的再利用和回收率大于 40%。对于碎石类、土石方类建筑垃圾，可采用地基填埋、铺路等方式提高再利用率，力争再利用率大于 50%。

施工现场生活区设置封闭式垃圾容器，施工场地生活垃圾实行袋装化，及时清运。对建筑垃圾进行分类，并收集到现场封闭式垃圾站，再集中运出。

第二节　建筑施工的节约能源制度

一、施工合理使用与节能的规定

1. 节材与材料资源利用

《循环经济促进法》规定，国家鼓励利用无毒无害的固体废物生产建筑材料，鼓励使用散装水泥，推广使用预拌混凝土和预拌砂浆。禁止损毁耕地烧砖。在国务院或者省、自治区、直辖市人民政府规定的期限和区域内，禁止生产、销售和使用黏土砖。

《绿色施工导则》进一步规定，图纸会审时，应审核节材与材料资源利用的相关内容，达到材料损耗率比定额损耗率降低30%；根据施工进度、库存情况等合理安排材料的采购、进场时间和批次，减少库存；现场材料堆放有序；储存环境适宜，措施得当；保管制度健全，责任落实；材料运输工具适宜，装卸方法得当，防止损坏和遗撒；根据现场平面布置情况就近卸载，避免和减少二次搬运；采取技术和管理措施提高模板、脚手架等的周转次数；优化安装工程的预留、预埋、管线路径等方案；应就地取材，施工现场500 km以内生产的建筑材料用量占建筑材料总重量的70%以上。

2. 节水与水资源利用

《循环经济促进法》规定，国家鼓励和支持使用再生水。企业应当发展串联用水系统和循环用水系统，提高水的重复利用率。企业应当采用先进技术、工艺和设备，对生产过程中产生的废水进行再生利用。

《绿色施工导则》进一步对提高用水效率、非传统水源利用和安全用水作出规定。

（1）提高用水效率：①施工中采用先进的节水施工工艺；②施工现场喷洒路面、绿化浇灌不宜使用市政自来水；③施工现场供水管网应根据用水量设计布置，管径合理、管路简捷，采取有效措施减少管网和用水器具的漏损；④现场机具、设备、车辆冲洗用水必须设立循环用水装置；⑤施工现场建立可再利用水的收集处理系统，使水资源得到梯级循环利用；⑥施工现场分别对生活用水与工程用水确定用水定额指标，并分别计量管理；⑦大型工程的不同单项工程、不同标段、不同分包生活区，凡具备条件的应分别计量用水量；⑧对混凝土搅拌站点等用水集中的区域和工艺点进行专项计量考核。

（2）非传统水源利用：①优先采用中水搅拌、中水养护，有条件的地区和工程应收集雨水养护；②处于基坑降水阶段的工地，宜优先采用地下水作为混凝土搅拌用水、养护用水、冲洗用水和部分生活用水；③现场机具、设备、车辆冲洗、喷洒路面、绿化浇灌等用水，优先采用非传统水源，尽量不使用市政自来水；④大型施工现场，尤其是雨量充沛地区的大型施工现场建立雨水收集利用系统，充分收集自然降水用于施工和生活中适宜的部位；⑤力争施工中非传统水源和循环水的再利用量大于30%。

（3）安全用水：在非传统水源和现场循环再利用水的使用过程中，应制定有效的水质检测与卫生保障措施，确保避免对人体健康、工程质量以及周围环境产生不良影响。

3. 节能与能源利用

《绿色施工导则》对节能措施，机械设备与机具，生产、生活及办公临时设施，施工用电及照明分别作出规定。

（1）节能措施：①制定合理的施工能耗指标，提高施工能源利用率；②优先使用国家、行业推荐的节能、高效、环保的施工设备和机具；③施工现场分别设定生产、生活、办公和施工设备的用电控制指标，定期进行计量、核算、对比分析，并有预防与纠正措施；④在施工组织设计中，合理安排施工顺序、工作面，以减少作业区域的机具数量，相邻作业区充分利用共有的机具资源；⑤根据当地气候和自然资源条件，充分利用太阳能、地热等可再生能源。

（2）机械设备与机具：①建立施工机械设备管理制度，开展用电、用油计量，完善设备档案，及时做好维修保养工作，使机械设备保持低耗、高效的状态；②选择功率与负载相匹配的施工机械设备，避免大功率施工机械设备低负载长时间运行；③合理安排工序，提高各种机械的使用率和满载率，降低各种设备的单位耗能。

（3）生产、生活及办公临时设施：①利用场地自然条件，合理设计生产、生活及办公临时设施的体形、朝向、间距和窗墙面积比，使其获得良好的日照、通风和采光，南方地区可根据需要在其外墙窗设遮阳设施；②临时设施宜采用节能材料，墙体、屋面使用隔热性能好的材料，减少夏天空调、冬天取暖设备的使用时间及耗能量；③合理配置采暖、空调、风扇数量，规定使用时间，实行分段分时使用，节约用电。

（4）施工用电及照明：①临时用电优先选用节能电线和节能灯具，临电线路合理设计、布置，临电设备宜采用自动控制装置，采用声控、光控等节能照明灯具；②照明设计以满足最低照度为原则，照度不应超过最低照度的20%。

4. 节地与施工用地保护

（1）临时用地指标：①根据施工规模及现场条件等因素合理确定临时设施；②要求平面布置合理、紧凑，在满足环境、职业健康与安全及文明施工要求的前提下尽可能地减少废弃地和死角，临时设施占地面积有效利用率大于90%。

（2）临时用地保护：①应对深基坑施工方案进行优化，减少土方开挖和回填量，最大限度地减少对土地的扰动，保护周边自然生态环境；②红线外临时占地应尽量使用荒地、废地，少占用农田和耕地；③利用和保护施工用地范围内原有绿色植被。

（3）施工总平面布置：①施工总平面布置应做到科学、合理，充分利用原有建筑物、构筑物、道路、管线为施工服务；②施工现场搅拌站、仓库、加工厂、作业棚、材料堆场等布置应尽量靠近已有交通线路或即将修建的正式或临时交通线路，缩短运输距离；③临时办公和生活用房应采用经济、美观、占地面积小、对周边地貌环境影响较小，且适合于施工平面布置动态调整的多层轻钢活动板房、钢骨架水泥活动板房等标准化装配式结构。生活区与生产区应分开布置，并设置标准的分隔设施；④施工现场围墙可采用连续封闭的轻钢结构预制装配式活动围挡，减少建筑垃圾，保护土地；⑤施工现场道路按照永久道路和临时道路相结合的原则布置；⑥临时设施布置应注意远近结合（本期工程与下期工程），努力减少和避免大量临时建筑拆迁和场地搬迁。

二、施工节能技术进步和激励措施的规定

1. 节能技术进步支持

《节约能源法》规定，国家鼓励、支持节能科学技术的研究、开发、示范和推广，促进节能技术创新与进步。

（1）政府政策引导。

（2）政府资金扶持。

2. 节能激励措施

按照《节约能源法》《循环经济促进法》的规定，主要有如下

相关的节能激励措施：

（1）财政安排节能专项资金。

（2）税收优惠。

（3）信贷支持。

（4）价格政策。

（5）表彰奖励。

第三节　建筑施工的文物保护制度

一、保护范围

1. 国家保护文物的范围

《文物保护法》规定，在中华人民共和国境内，下列文物受国家保护：

（1）具有历史、艺术、科学价值的古文化遗址、古墓葬、古建筑、石窟寺和石刻、壁画。

（2）与重大历史事件、革命运动或者著名人物有关的以及具有重要纪念意义、教育意义或者史料价值的近代现代重要史迹、实物、代表性建筑。

（3）历史上各时代珍贵的艺术品、工艺美术品。

（4）历史上各时代重要的文献资料以及具有历史、艺术、科学价值的手稿和图书资料等。

（5）反映历史上各时代、各民族社会制度、社会生产、社会生活的代表性实物，具有科学价值的古脊椎动物化石和古人类化石同文物一样受国家保护。

2. 水下文物的保护范围

《水下文物保护管理条例》规定，水下文物是指遗存于下列水域的具有历史、艺术和科学价值的人类文化遗产：

（1）遗存于中国内水、领海内的一切起源于中国的、起源国不明的和起源于外国的文物。

（2）遗存于中国领海以外依照中国法律由中国管辖的其他海域内的起源于中国的和起源国不明的文物。

（3）遗存于外国领海以外的其他管辖海域以及公海区域内的起源于中国的文物。

以上规定内容不包括1911年以后的与重大历史事件、革命运动以及著名人物无关的水下遗存。

3. 文物保护单位和文物的分级

历史上各时代重要实物、艺术品、文献、手稿、图书资料、代表性实物等可移动文物，分为珍贵文物和一般文物；珍贵文物分为一级文物、二级文物、三级文物。

4. 属于国家所有的文物范围

（1）属于国家所有的不可移动文物范围

古文化遗址、古墓葬、石窟寺属于国家所有。国家指定保护的纪念建筑物、古建筑、石刻、壁画、近代现代代表性建筑等不可移动文物，除国家另有规定的以外，属于国家所有。国有不可移动文物的所有权不因其所依附的土地所有权或者使用权的改变而改变。

（2）属于国家所有的可移动文物范围

下列可移动文物，属于国家所有：

1）中国境内出土的文物，国家另有规定的除外。

2）国有文物收藏单位以及其他国家机关、部队和国有企业、事业组织等收藏、保管的文物。

3）国家征集、购买的文物。

4）公民、法人和其他组织捐赠给国家的文物。

5）法律规定属于国家所有的其他文物。

属于国家所有的可移动文物的所有权不因其保管、收藏单位的终止或者变更而改变。

（3）属于国家所有的水下文物范围

《水下文物保护管理条例》规定，遗存于中国内水、领海内的一切起源于中国的、起源国不明的和起源于外国的文物，以及遗存于中国领海以外依照中国法律由中国管辖的其他海域内的起源于中国的和起源国不明的文物，属于国家所有，国家对其行使管辖权。

遗存于外国领海以外的其他管辖海域以及公海区域内的起源于中国的文物，国家享有辨认器物物主的权利。

5. 属于集体所有和私人所有的文物保护范围

《文物保护法》规定，属于集体所有和私人所有的纪念建筑物、古建筑和祖传文物以及依法取得的其他文物，其所有权受法律保护。文物的所有者必须遵守国家有关文物保护的法律、法规的规定。

二、文物保护单位保护范围和建设控制地带施工

《文物保护法》规定，在文物保护单位的保护范围和建设控制地带内，不得建设污染文物保护单位及其环境的设施，不得进行可能影响文物保护单位安全及其环境的活动。对已有的污染文物保护单位及其环境的设施，应当限期治理。

（1）承担文物保护单位的修缮、迁移、重建工程的单位应当具有相应的资质证书。

（2）在历史文化名城名镇名村保护范围内从事建设活动的相关规定。

《历史文化名城名镇名村保护条例》规定，在历史文化名城、名镇、名村保护范围内禁止进行下列活动：①开山、采石、开矿等破坏传统格局和历史风貌的活动；②占用保护规划确定保留的园林绿地、河湖水系、道路等；③修建生产、储存爆炸性、易燃性、放射性、毒害性、腐蚀性物品的工厂、仓库等；④在历史建筑上刻画、涂污。

（3）在文物保护单位保护范围和建设控制地带内从事建设活动的相关规定。

《文物保护法》规定，文物保护单位的保护范围内不得进行其他建设工程或者爆破、钻探、挖掘等作业。但是，因特殊情况需要在文物保护单位的保护范围内进行其他建设工程或者爆破、钻探、挖掘等作业的，必须保证文物保护单位的安全，并经核定公布该文物保护单位的人民政府批准，在批准前应当征得上一级人民政府文物行政部门同意；在全国重点文物保护单位的保护范围内进行其他建设工程或者爆破、钻探、挖掘等作业的，必须经省、自治区、直辖市人民政府批准，在批准前应当征得国务院文物行政部门同意。

（4）文物修缮保护工程的设计施工管理。

《文物保护法实施细则》规定，全国重点文物保护单位和国家文物局认为有必要由其审查批准的省、自治区、直辖市级文物保护单位的修缮计划和设计施工方案，由国家文物局审查批准。省、自治区、直辖市级和县、自治县、市级文物保护单位的修缮计划和设计施工方案，由省、自治区、直辖市人民政府文物行政管理部门审查批准。文物修缮保护工程应当接受审批机关的监督和指导。工程竣工时，应当报审批机关验收。

三、施工发现文物报告和保护的规定

1. 配合建设工程进行考古发掘工作的规定

进行大型基本建设工程，建设单位应当事先报请省、自治区、直辖市人民政府文物行政部门组织从事考古发掘的单位在工程范围内有可能埋藏文物的地方进行考古调查、勘探。确因建设工期紧迫或者有自然破坏危险，对古文化遗址、古墓葬急需进行抢救发掘的，由省、自治区、直辖市人民政府文物行政部门组织发掘，并同时补办审批手续。

2. 施工发现文物的报告和保护

《文物保护法》规定，在进行建设工程或者在农业生产中，任何单位或者个人发现文物，应当保护现场，立即报告当地文物行政部门，文物行政部门接到报告后，如无特殊情况，应当在 24 h 内赶赴现场，并在 7 日内提出处理意见。

3. 水下文物的报告和保护

《水下文物保护管理条例》规定，任何单位或者个人以任何方式发现遗存于中国内水、领海内的一切起源于中国的、起源国不明的和起源于外国的文物，以及遗存于中国领海以外依照中国法律由中国管辖的其他海域内的起源于中国的和起源国不明的文物，应当及时报告国家文物局或者地方文物行政管理部门；已打捞出水的，应当及时上缴国家文物局或者地方文物行政管理部门处理。

第八章　施工现场急救常识

一、施工现场急救应该把握的原则

出现事故时，首先要把握两个原则，一是不要恐慌，迅速使伤者脱离危险区，如果是触电事故，必须先切断电源，然后采取救护措施。二是要迅速上报相关领导和部门，以便采取更有效的救护措施。

对不同事故现场的救护方法也是不同的，对于高处坠落、物体打击、机械伤害等，只能由医务人员采取救护措施；而对于触电、中毒、中暑等事故，现场救护则可达到事半功倍的效果，早一分进行救护，就能争取早一分生还的希望。

1. 应常备的急救物品

（1）救护常用物品：剪刀、镊子、手电筒、热水袋（可做冰袋用），火柴、缝衣针或针灸针、一次性塑料袋。

（2）外伤救护所需物品：纱布、胶布、外用绷带、三角巾、消毒棉球或棉棒、止血止痛药品。

（3）消毒和保护用品：乳胶手套、口罩、一次性导管、消毒纸巾、外用酒精。

2. 应了解的急救基本方法

（1）常用止血法：

①加压止血法是最常用的止血方法，在外伤出血时应首先采用。适用小静脉出血、毛细血管出血等，动脉出血应与止血带配合使用。

操作方法：用较厚的消毒纱布，覆盖在伤口表面，如无纱布，可用干净毛巾或手帕代替。在纱布上方用绷带、三角带紧紧缠绕住，加压包扎，即可达到止血目的。

②止血带止血法主要是用橡皮管或胶管止血带将血管压瘪而达到止血的目的。这种止血方法较牢固、可靠，但只能用于四肢动脉大出血。

操作方法：左手拿橡皮带或止血带，后面预留约 16 cm；右手拉紧环体扎，前面交至左手，中食两指挟住，顺着肢体往下拉，前头环中插，保证不松垮。如遇到四肢大出血，需要止血带止血，而现场又无橡胶止血带时，可在现场就地取材，如布止血带、线绳或麻绳等。用布止血带止血时，把肢体放平，入环，然后拉紧固定。用线绳或麻绳止血时，可绞紧固定。

止血带应放在伤口的近心端。上臂和大腿都应绷在上 1/3 的部位。上臂的中 1/3 禁止上止血带，以免压迫神经而引起上肢麻痹。

上止血带前，先要用毛巾或其他布片、棉絮作垫，止血带不要直接扎在皮肤上；紧急时，可将裤脚或袖口卷起，止血带扎在其上。要扎得松紧合适，过紧易损伤神经，过松则不能达到止血的目的。一般以不能摸到远端动脉搏动或出血停止为度。

（2）人工呼吸：

人工呼吸是用于自主呼吸停止时的一种急救方法。通过徒手或机械装置使空气有节律地进入肺内，然后利用胸廓和肺组织的弹性回缩力使进入肺内的气体呼出。如此周而复始以代替自主呼吸。人工呼吸方法很多，有口对口吹气法、俯卧压背法、仰卧压胸法，但以口对口吹气式人工呼吸最为方便和有效。

操作方法：病人取仰卧位，即胸腹朝天。救护人站在其头部的一侧，自己深吸一口气，对着病人的口（两嘴要对紧，不要漏气）将气吹入，造成吸气。为使空气不从鼻孔漏出，此时可用一手将其鼻孔捏住，然后救护人嘴离开，将捏住的鼻孔放开，并用一手压其胸部，以帮助呼气。这样反复进行，每分钟进行14～16次。如果病人口腔有严重外伤或牙关紧闭时，可对其鼻孔吹气（必须堵住口）即为口对鼻吹气。救护人吹气力量的大小，依病人的具体情况而定。一般以吹进气后，病人的胸廓稍微隆起为最合适。口对口之间，如果有纱布，则放一块叠二层厚的纱布，或一块一层的薄手帕，但需注意，不要因此影响空气的出入。

3. 必须使用急救车情况

（1）受严重撞击。高处坠落、重物挤压等各种意外情况造成的严重损伤和大出血。

（2）各种原因引起的呕血、咳血、便血等大出血。

（3）意外灾害事故造成人员发病、伤亡的现场，尤其是成批伤员和群体伤害。

4. 救护车到达前的常规急救措施

（1）必须保持病人的正确体位，切勿随便推动或搬运病人，以免病情加重。

（2）如果病人出现昏迷、呕吐症状，应把病人的头侧向一边。

（3）对待有脑外伤或昏迷的病人不要抱着头乱晃。

（4）对待高空坠落的伤者，不要随便搬头抱脚移动。

（5）将病人转移到安全、易于救护的地方。如将煤气中毒病人转移到通风处。

（6）选择病人适宜的体位，使其安静卧床休息。

（7）对待已经昏迷的病人，应将呕吐物、分泌物取出来或头倒向一边顺位引流出来，保持呼吸道通畅。

（8）要给有外伤的病人初步止血、包扎、固定。

（9）救护车到达后，应向急救人员详细地讲述病人的病情、伤情以及发展过程、采取的初步急救措施。

二、高处坠落伤员的急救

高处坠落摔伤是指从高处坠落而导致受伤。

急救要点：

（1）坠落在地的伤员，应初步检查伤情，不乱挪动摇晃，应立即呼叫 120 急救医生前来救治。

（2）采取初步救护措施：止血、包扎、固定。

（3）如果怀疑伤者下肢骨折，应将两下肢固定在一起，固定范围应超过骨折的上下关节；如果上肢骨折，应将上肢挪至胸前，并固定在躯干上；如果怀疑脊柱骨折，搬运时千万要注意保持其身体平伸位，不能让身体扭曲，然后由三人将伤员平托起来（即由一人托头及脊柱，一人托臀部，一人托下肢），平稳运送。

（4）如果伤员腹部有开放性伤口，应用清洁布或毛巾等覆盖伤口，不可将脱出物还原，以免感染。

（5）抢救伤员时，无论哪种情况，都应减少途中颠簸，也不能翻动伤员。

三、塌方伤害伤员的急救

塌方伤害是由塌方、垮塌而造成的，人员被土石方、瓦砾等压埋，发生掩埋窒息，土方石块埋压肢体或身体导致的人体损伤。

急救要点：

（1）迅速挖掘，争分夺秒救出被压埋者。尽早将伤员的头部露出来，即刻清除其口腔、鼻腔内的泥土、砂石，保持呼吸道通畅。

（2）救出伤员后，先迅速检查心跳和呼吸，如果呼吸心跳已停止，立即先连续进行 2 次人工呼吸。

（3）在搬运伤员中，防止肢体活动，无论有无骨折，都要用夹板固定，并将肢体暴露在凉爽的空气中。

（4）发生塌方意外事故后，必须拨打 120 急救电话报警。

（5）切忌对压埋受伤部分进行热敷或按摩。

（6）必须注意以下事项：

① 肢体出血禁止使用止血带止血，因为可加重挤压综合征。

② 脊椎骨折或损伤固定和搬运原则，应使脊椎保持平行，不要弯曲扭动，以防止损伤脊髓神经。

四、挤压伤害伤员的急救

挤压伤害是指因暴力、重力的挤压或土块、石头等的压埋，造成的身体伤害可导致肾脏功能衰竭的严重情况。

急救要点：

（1）尽快解除挤压的因素，如被压埋，应先从废墟下抢救出来。

（2）手和足造成挤压伤的，指（趾）甲下血肿呈黑紫色，可立即用冷水冷敷，减少出血和减轻疼痛。

（3）如果怀疑已有内脏损伤，应密切观察有无休克征兆。

（4）出现严重挤压伤的，应呼叫 120 急救医生前来处理，并护送到医院进行外科手术治疗。

（5）千万不要因为受伤者当时无伤口而忽视治疗。

（6）在转运伤者过程中，应减少肢体活动，不管有无骨折都要用夹板固定，并让肢体暴露在凉爽的空气中，切忌按摩，以免加重病情。

五、触电伤员的急救

电击伤俗称触电，是由于电流通过人体所致的损伤，大多数是因人体直接接触电源所致。

急救要点：

（1）立即切断电源，或用不导电物体如干燥的木棍、竹棒或干布等物使伤员尽快脱离电源。急救者切勿直接接触触电伤员，防止自身触电而影响抢救工作的进行。

（2）当伤员脱离电源后，应立即检查伤员全身情况，特别是呼吸和心跳，发现呼吸、心跳停止时，应立即就地抢救。

1）轻症：即神志清醒，呼吸心跳均自主者，伤员就地平卧，严密观察，暂时不要站立或走动，防止继发休克或心衰。

2）呼吸停止，心搏存在者，就地平卧解松衣扣，通畅气道，立即口对口人工呼吸，有条件的可气管插管，加压氧气人工呼吸。亦可针刺人中、十宣、涌泉等穴位，或给予呼吸兴奋剂（如山梗菜碱、咖啡因、可拉明）。

3）心搏停止，呼吸存在者，应立即做胸外心脏按压。

4）呼吸心跳均停止者，则应在人工呼吸的同时施行胸外心脏按压，以建立呼吸循环，恢复全身器官的氧供应。现场抢救最好能两人分别施行口对口人工呼吸及胸外心脏按压，以 1∶5 的比例进行，即人工呼吸 1 次，心脏按压 5 次。如现场抢救仅有 1 人，用 15∶2 的比例进行胸外心脏按压和人工呼吸，即先做胸外心脏按压 15 次，再口对口人工呼吸 2 次，如此交替进行，抢救一定要坚持到底。

5）处理电击伤时，应注意有无其他损伤。如触电后弹离电源或自高空跌下，常并发颅脑外伤、血气胸、内脏破裂、四肢和骨盆骨折等。如有外伤、灼伤均需同时处理。

6）现场抢救中，不要随意移动伤员，若确需移动时，抢救中断时间不应超过 30 s。移动伤员或将其送医院，除应使伤员平躺在担架上并在背部垫以平硬阔木板外，应继续抢救，心跳呼吸停止者要继续人工呼吸和胸外心脏按压，在医院医务人员接替前救治不能中止。

六、硬器刺伤伤员的急救

硬器刺伤是指由刀具、碎玻璃、铁丝、铁钉、铁棍、钢筋、木刺造成的刺伤。

急救要点：

（1）较轻的、浅的刺伤，只需消毒清洗后，用干净的纱布等包扎止血，或就地取材使用替代品初步包扎后，到医院进一步治疗。

（2）刺伤的硬器（如钢筋等）仍插在胸背部、腹部、头部时，切不可立即拔出，以免造成大出血而无法止血。应将刃器固定好，一并将病人尽快送到医院，在手术准备后，妥当地取出来。

（3）刃器固定方法：刃器四周以衣物或其他物品围好，再用绷带等固定住。路途中注意保护，使其不得脱出。

（4）若刃器已被拔出，胸背部有刺伤伤口，伤员出现呼吸困难，气急，这时伤口与胸腔相通，空气直接进出，称为开放性气胸，非常紧急。可迅速按住伤口，可用消毒纱布或清洁毛巾覆盖伤口后送医院急救。纱布的最外层最好用不透气的塑料膜覆盖，以密闭伤口，减少漏气。

（5）刺中腹部后导致肠管等内脏脱出，千万不要将脱出的肠管送回腹腔内，因为会使感染机会加大，可先包扎好。包扎方法：在脱出的肠管上覆盖消毒纱布或消毒布类，再用干净的盆或碗倒扣在伤口上，用绷带或衣带固定，迅速送医院抢救。

（6）双腿弯曲，严禁喝水、进食。

（7）刺伤应注意预防破伤风。铁钉、铁丝、木刺等造成的刺伤，如不彻底清洗，容易引起破伤风。

七、煤气中毒人员的急救

煤气中毒也叫一氧化碳中毒。

急救要点：

（1）应尽快让病人离开中毒环境，并立即打开门窗，流通空气。

（2）患者应安静休息，避免活动后加重心、肺负担及增加氧的消耗量。

（3）对有自主呼吸的病人，充分提供氧气吸入。

（4）神志不清的中毒病人必须尽快抬出中毒环境，在最短的时间内，检查病人的呼吸、脉搏、血压情况，根据这些情况进行紧急处理。

（5）如果病人呼吸心跳停止，要立即进行人工呼吸和胸外心脏按压。

（6）呼叫 120 急救服务，等待急救医生到现场救治病人。

（7）病情稳定后，将病人护送到医院进一步检查治疗。

（8）争取尽早让病人进行高压氧舱治疗，减少后遗症。即使是轻度和中度煤气中毒的患者，也应进行高压氧舱治疗。

八、中暑人员的急救

中暑常发生在高温和高湿环境中，对高温、高湿环境的适应能力不足是致病的主要原因。在气温高于32℃、湿度大于60%的环境中，由于长时间工作或强体力劳动，又无充分的防暑降温措施时，极易发生中暑。中暑者一般表现为体温升高、乏力、眩晕、恶心、呕吐、头晕头痛、脉搏和呼吸加快，面红不出汗、皮肤干燥，重者出现高热、神志障碍、抽搐，甚至昏迷、猝死。

急救要点：

（1）立即将中暑者移到通风、阴凉、干燥的地方，如走廊、树荫下。

（2）使中暑者仰卧，解开衣领，脱去或松开外套。若衣服被汗水湿透，应更换干衣服，同时开电扇或开空调（应避免直接吹风），以尽快散热。

（3）用湿毛巾冷敷头部、腋下以及腹股沟等处，有条件的用温水擦拭全身，同时进行皮肤、肌肉按摩，加速血液循环，促进散热。

（4）意识清醒的中暑者或经过降温清醒的中暑者可饮服绿豆汤、淡盐水，或服用人丹、十滴水和藿香正气水（胶囊）等解暑。

（5）一旦出现高烧、昏迷抽搐等症状，应让病人侧卧，头向后仰，保持呼吸道通畅，同时立即拨打120电话，求助医务人员给予紧急救治。

九、食物中毒人员的急救

食物中毒多发生在夏秋季，是多由细菌污染食物引起的一种以急性胃肠炎为主要症状的疾病。

急救要点：

（1）立即停止食用可疑中毒食物。

（2）强酸、强碱物质引起的食物中毒，应先饮蛋清、牛奶、豆浆或植物油保护胃黏膜。

（3）封存可疑食物，留取呕吐物、尿液、粪便标本，以备化验。

（4）采取催吐的方法，尽快排出毒物。一次性饮用 600 mL 清水或 1∶2 000 的高锰酸钾溶液，然后用筷子等工具刺激咽后壁，造成呕吐的动作，将胃内食物吐出来，反复进行多次，直到吐出清水为止。已经发生呕吐的病人不要再催吐。

（5）将病人送医院进一步检查。

十、铁钉扎脚伤员的急救

急救要点：

(1) 将铁钉拔出后，马上用双手拇指用力挤压伤口，使伤口内的污染物随血液流出，如果当时不挤，伤口很快封上，污染物留在伤口内容易形成感染源。

（2）洗净伤脚，有条件者用酒精消毒后包扎。伤后 12 h 内到医院注射破伤风抗毒素，预防破伤风。

附录一　建筑施工特种作业人员管理规定

关于印发《建筑施工特种作业人员管理规定》的通知

建质〔2008〕75号

各省、自治区建设厅，直辖市建委，江苏省、山东省建管局，新疆生产建设兵团建设局：

现将《建筑施工特种作业人员管理规定》印发给你们，请结合本地区实际贯彻执行。

中华人民共和国住房和城乡建设部

2008年4月18日

建筑施工特种作业人员管理规定

第一章　总　则

第一条　为加强对建筑施工特种作业人员的管理，防止和减少生产安全事故，根据《安全生产许可证条例》《建筑起重机械安全监督管理规定》等法规规章，制定本规定。

第二条　建筑施工特种作业人员的考核、发证、从业和监督管理，适用本规定。

本规定所称建筑施工特种作业人员是指在房屋建筑和市政工程施工活动中，从事可能对本人、他人及周围设备设施的安全造成重大危害作业的人员。

第三条　建筑施工特种作业包括：

（一）建筑电工；

（二）建筑架子工；

（三）建筑起重信号司索工；

（四）建筑起重机械司机；

（五）建筑起重机械安装拆卸工；

（六）高处作业吊篮安装拆卸工；

（七）经省级以上人民政府建设主管部门认定的其他特种作业。

第四条　建筑施工特种作业人员必须经建设主管部门考核合格，取得建筑施工特种作业人员操作资格证书（以下简称“资格证书”），方可上岗从事相应作业。

第五条　国务院建设主管部门负责全国建筑施工特种作业人员的监督管理工作。

省、自治区、直辖市人民政府建设主管部门负责本行政区域内建筑施工特种作业人员的监督管理工作。

第二章　考　核

第六条　建筑施工特种作业人员的考核发证工作，由省、自治区、直辖市人民政府建设主管部门或其委托的考核发证机构（以下简称“考核发证机关”）负责组织实施。

第七条　考核发证机关应当在办公场所公布建筑施工特种作业人员申请条件、申请程序、工作时限、收费依据和标准等事项。

考核发证机关应当在考核前在机关网站或新闻媒体上公布考核科目、考核地点、考核时间和监督电话等事项。

第八条 申请从事建筑施工特种作业的人员，应当具备下列基本条件：

（一）年满 18 周岁且符合相关工种规定的年龄要求；

（二）经医院体检合格且无妨碍从事相应特种作业的疾病和生理缺陷；

（三）初中及以上学历；

（四）符合相应特种作业需要的其他条件。

第九条 符合本规定第八条规定的人员应当向本人户籍所在地或者从业所在地考核发证机关提出申请，并提交相关证明材料。

第十条 考核发证机关应当自收到申请人提交的申请材料之日起 5 个工作日内依法作出受理或者不予受理决定。

对于受理的申请，考核发证机关应当及时向申请人核发准考证。

第十一条 建筑施工特种作业人员的考核内容应当包括安全技术理论和实际操作。

考核大纲由国务院建设主管部门制定。

第十二条 考核发证机关应当自考核结束之日起 10 个工作日内公布考核成绩。

第十三条 考核发证机关对于考核合格的，应当自考核结果公布之日起 10 个工作日内颁发资格证书；对于考核不合格的，应当通知申请人并说明理由。

第十四条 资格证书应当采用国务院建设主管部门规定的统一样式，由考核发证机关编号后签发。资格证书在全国通用。

资格证书样式见附件一，编号规则见附件二。

第三章 从 业

第十五条 持有资格证书的人员，应当受聘于建筑施工企业或者建筑起重机械出租单位（以下简称用人单位），方可从事相应的特种作业。

第十六条　用人单位对于首次取得资格证书的人员，应当在其正式上岗前安排不少于 3 个月的实习操作。

第十七条　建筑施工特种作业人员应当严格按照安全技术标准、规范和规程进行作业，正确佩戴和使用安全防护用品，并按规定对作业工具和设备进行维护保养。

建筑施工特种作业人员应当参加年度安全教育培训或者继续教育，每年不得少于 24 小时。

第十八条　在施工中发生危及人身安全的紧急情况时，建筑施工特种作业人员有权立即停止作业或者撤离危险区域，并向施工现场专职安全生产管理人员和项目负责人报告。

第十九条　用人单位应当履行下列职责：

（一）与持有效资格证书的特种作业人员订立劳动合同；

（二）制定并落实本单位特种作业安全操作规程和有关安全管理制度；

（三）书面告知特种作业人员违章操作的危害；

（四）向特种作业人员提供齐全、合格的安全防护用品和安全的作业条件；

（五）按规定组织特种作业人员参加年度安全教育培训或者继续教育，培训时间不少于 24 小时；

（六）建立本单位特种作业人员管理档案；

（七）查处特种作业人员违章行为并记录在档；

（八）法律法规及有关规定明确的其他职责。

第二十条　任何单位和个人不得非法涂改、倒卖、出租、出借或者以其他形式转让资格证书。

第二十一条　建筑施工特种作业人员变动工作单位，任何单位和个人不得以任何理由非法扣押其资格证书。

第四章　延期复核

第二十二条　资格证书有效期为两年。有效期满需要延期的，建筑施工特种作业人员应当于期满前 3 个月内向原考核发证机关申请办理延期复核手续。延期复核合格的，资格证书有效期延期 2 年。

第二十三条 建筑施工特种作业人员申请延期复核，应当提交下列材料：

（一）身份证（原件和复印件）；

（二）体检合格证明；

（三）年度安全教育培训证明或者继续教育证明；

（四）用人单位出具的特种作业人员管理档案记录；

（五）考核发证机关规定提交的其他资料。

第二十四条 建筑施工特种作业人员在资格证书有效期内，有下列情形之一的，延期复核结果为不合格：

（一）超过相关工种规定年龄要求的；

（二）身体健康状况不再适应相应特种作业岗位的；

（三）对生产安全事故负有责任的；

（四）2 年内违章操作记录达 3 次（含 3 次）以上的；

（五）未按规定参加年度安全教育培训或者继续教育的；

（六）考核发证机关规定的其他情形。

第二十五条 考核发证机关在收到建筑施工特种作业人员提交的延期复核资料后，应当根据以下情况分别作出处理：

（一）对于属于本规定第二十四条情形之一的，自收到延期复核资料之日起 5 个工作日内作出不予延期决定，并说明理由；

（二）对于提交资料齐全且无本规定第二十四条情形的，自受理之日起 10 个工作日内办理准予延期复核手续，并在证书上注明延期复核合格，并加盖延期复核专用章。

第二十六条 考核发证机关应当在资格证书有效期满前按本规定第二十五条作出决定；逾期未作出决定的，视为延期复核合格。

第五章　监督管理

第二十七条　考核发证机关应当制定建筑施工特种作业人员考核发证管理制度，建立本地区建筑施工特种作业人员档案。

县级以上地方人民政府建设主管部门应当监督检查建筑施工特种作业人员从业活动，查处违章作业行为并记录在档。

第二十八条　考核发证机关应当在每年年底向国务院建设主管部门报送建筑施工特种作业人员考核发证和延期复核情况的年度统计信息资料。

第二十九条　有下列情形之一的，考核发证机关应当撤销资格证书：

（一）持证人弄虚作假骗取资格证书或者办理延期复核手续的；

（二）考核发证机关工作人员违法核发资格证书的；

（三）考核发证机关规定应当撤销资格证书的其他情形。

第三十条　有下列情形之一的，考核发证机关应当注销资格证书：

（一）依法不予延期的；

（二）持证人逾期未申请办理延期复核手续的；

（三）持证人死亡或者不具有完全民事行为能力的；

（四）考核发证机关规定应当注销的其他情形。

第六章　附　则

第三十一条　省、自治区、直辖市人民政府建设主管部门可结合本地区实际情况制定实施细则，并报国务院建设主管部门备案。

第三十二条　本办法自2008年6月1日起施行。

附件一：建筑施工特种作业操作资格证书样式

1. 封皮采用深绿色塑料封皮对开，尺寸为100 mm×75 mm。如下图：

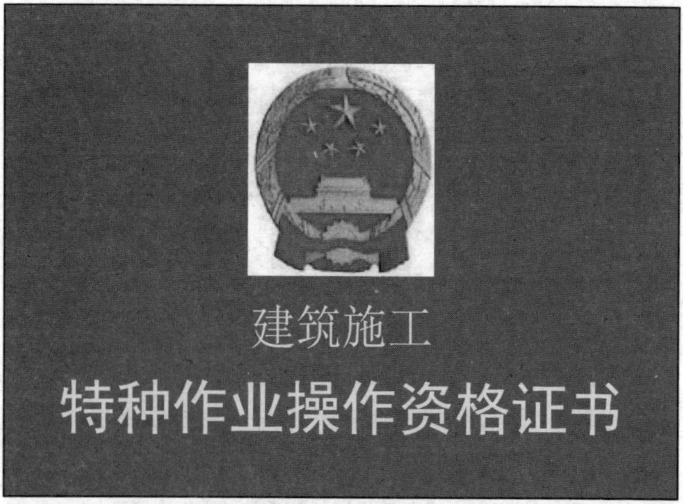

（封皮正面）

（封皮背面）

2. 特种作业操作资格证书正本及副本均采用纸质，正本加盖钢印和发证机关章后塑封，尺寸为 90 mm×60 mm。如下图：

建筑施工特种作业操作资格证

证号

姓名____________身份证号____________

操作类别____________________

发证机关印章	初次领证日期__________ 使用期 自__________ 至__________ 第一次复核__________	一寸彩色照片

（正本）

建筑施工特种作业操作资格证副证

证号

姓名__________身份证号____________

操作类别____________________

第一次复核记录：	第二次复核记录：
发证机关（盖章）	发证机关（盖章）

（副本）

附件二：建筑施工特种作业操作资格证书编号规则

1. 建筑施工特种作业操作资格证书编号共14位。其中：

（1）第一位为持证人所在省（市、自治区）简称，如山东省为“鲁”；

（2）第二位为持证人所在地设区市的英文代码，由各省自行确定；

（3）第三位和第四位为工种类别代码，用2个阿拉伯数字标注（工种类别代码表见表A)；

（4）第五位至第八位为发证年份，用4个阿拉伯数字标注；

（5）第八位至第十四位为证书序号，用6个阿拉伯数字标注，从000001开始。

2. 示例：鲁A012008000001。

表示在山东济南的建筑电工，2008年取得证书，证书序列号为000001。

3. 工种类别代码见表A。

表A　工种类别代码

序号	工种类别	代码
1	建筑电工	01
2	建筑架子工	02
3	建筑起重信号司索工	03
4	建筑起重机械司机	04
5	建筑起重机械安装拆卸工	05
6	高处作业吊篮安装拆卸工	06

附录二　建筑施工现场常用安全标志

一、禁止标志（红色）

编号	图形标志	名称	设置范围和地点
1—1		禁止吸烟	有甲类、乙类、丙类火灾危险物质的场所和禁止吸烟的公共场所等，如木工车间、油漆车间、沥青车间、纺织厂、印染厂等
1—2		禁止烟火	有甲类、乙类、丙类火灾危险物质的场所，如面粉厂、煤粉厂、焦化厂、施工工地等
1—3		禁止带火种	有甲类火灾危险物质及其他禁止带火种的各种危险场所，如炼油厂、乙炔站、液化石油气站、煤矿井内、林区、草原等
1—4		禁止用水灭火	生产、储运、使用中有不准用水灭火的物质的场所，如变压器室、乙炔站、化工药品库、各种油库等

续表

编号	图形标志	名称	设置范围和地点
1—5		禁止放置易燃物	具有明火设备或高温的作业场所，如动火区，各种焊接、切割、锻造、浇注车间等场所
1—6		禁止堆放	消防器材存放处，消防通道及车间主通道等
1—7		禁止启动	暂停使用的设备附近，如设备检修、更换零件等
1—8		禁止合闸	设备或线路检修时，相应的开关附近
1—9		禁止转动	检修或专人定时操作的设备附近
1—10		禁止叉车和厂内机动车辆通行	禁止叉车和其他厂内机动车辆通行的场所
1—11		禁止乘人	乘人易造成伤害的设施，如室外运输吊篮、外操作载货电梯框架等

续表

编号	图形标志	名称	设置范围和地点
1—12		禁止靠近	不允许靠近的危险区域，如高压试验区、高压线、输变电设备的附近
1—13		禁止入内	易造成事故或对人员有伤害的场所，如高压设备室、各种污染源等入口处
1—14		禁止推动	易于倾倒的装置或设备，如车站屏蔽门等
1—15		禁止停留	对人员具有直接危害的场所，如粉碎场地、危险路口、桥口等处
1—16		禁止通行	有危险的作业区，如起重、爆破现场，道路施工工地等
1—17		禁止跨越	禁止跨越的危险地段，如专用的运输通道、带式输送机和其他作业流水线，作业现场的沟、坎、坑等
1—18		禁止攀登	不允许攀爬的危险地点，如有坍塌危险的建筑物、构筑物、设备旁

续表

编号	图形标志	名称	设置范围和地点
1—19		禁止跳下	不允许跳下的危险地点，如深沟、深池、车站站台及盛装过有毒物质、易产生窒息气体的槽车、贮罐、地窖等处
1—20		禁止伸出窗外	易于造成头和手伤害的部位或场所，如公交车窗、火车车窗等
1—21		禁止倚靠	不能依靠的地点或部位，如列车车门、车站屏蔽门、电梯轿门等
1—22		禁止坐卧	高温、腐蚀性、塌陷、坠落、翻转、易损等易于造成人员伤害的设备设施表面
1—23		禁止蹬踏	高温、腐蚀性、塌陷、坠落、翻转、易损等易于造成人员伤害的设备设施表面
1—24		禁止触摸	禁止触摸的设备或物体附近，如裸露的带电体，炽热物体，具有毒性、腐蚀性物体等处
1—25		禁止伸入	易于夹住身体部位的装置或场所，如有开口的传动机、破碎机等

续表

编号	图形标志	名称	设置范围和地点
1—26		禁止饮用	禁止饮用水的开关处，如循环水、工业用水、污染水等
1—27		禁止抛物	抛物易伤人的地点，如高处作业现场、深沟（坑）等
1—28		禁止戴手套	戴手套易造成手部伤害的作业地点，如旋转的机械加工设备附近
1—29		禁止穿化纤服装	有静电火花会导致灾害或有炽热物质的作业场所，如冶炼、焊接及有易燃易爆物质的场所等
1—30		禁止穿带钉鞋	有静电火花会导致灾害或有触电危险的作业场所，如有易燃易爆气体或粉尘的车间及带电作业场所
1—31		禁止开启无线移动通信设备	火灾、爆炸场所以及可能产生电磁干扰的场所，如加油站、飞行中的航天器、油库、化工装置区等
1—32		禁止携带金属物或手表	易受到金属物品干扰的微波和电磁场所，如磁共振室等

续表

编号	图形标志	名称	设置范围和地点
1—33		禁止佩戴心脏起搏器者靠近	安装人工起搏器者禁止靠近高压设备、大型电机、发电机、电动机、雷达和有强磁场的设备等
1—34		禁止植入金属材料者靠近	易受到金属物品干扰的微波和电磁场所，如磁共振室等
1—35		禁止游泳	禁止游泳的水域
1—36		禁止滑冰	禁止滑冰的场所
1—37		禁止携带武器及仿真武器	不能携带和托运武器、凶器和仿真武器的场所或交通工具，如飞机等
1—38		禁止携带托运易燃及易爆物品	不能携带和托运易燃、易爆物品及其他危险品的场所或交通工具，如火车、飞机、地铁等
1—39		禁止携带托运有毒物品及有害液体	不能携带托运有毒物品及有害液体的场所或交通工具，如火车、飞机、地铁等

续表

编号	图形标志	名称	设置范围和地点
1—40		禁止携带托运放射性及磁性物品	不能携带托运放射性及磁性物品的场所或交通工具，如火车、飞机、地铁等

二、警告标志（黄色）

编号	图形标志	名称	设置范围和地点
2—1		注意安全	易造成人员伤害的场所及设备等
2—2		当心火灾	易发生火灾的危险场所，如可燃性物质的生产、储运、使用等地点
2—3		当心爆炸	易发生爆炸危险的场所，如易燃易爆物质的生产、储运、使用或受压容器等地点
2—4		当心腐蚀	有腐蚀性物质、《危险货物品名表》（GB 12268—2012）中第 8 类所规定的物质的作业地点
2—5		当心中毒	剧毒品及有毒物质、《危险货物品名表》（GB 12268—2012）中第 6 类第 1 项所规定的物质的生产、储运及使用地点
2—6		当心感染	易发生感染的场所，如医院传染病区；有害生物制品的生产、储运、使用等地点

续表

编号	图形标志	名称	设置范围和地点
2—7		当心触电	有可能发生触电危险的电器设备和线路，如配电室、开关等
2—8		当心电缆	在暴露的电缆或地面下有电缆处施工的地点
2—9		当心自动启动	配有自动启动装置的设备
2—10		当心机械伤人	易发生机械卷入、轧压、碾压、剪切等机械伤害的作业地点
2—11		当心塌方	有塌方危险的地段、地区，如堤坝及土方作业的深坑、深槽等
2—12		当心冒顶	具有冒顶危险的作业场所，如矿井、隧道等
2—13		当心坑洞	具有坑洞，易造成伤害的作业地点，如构件的预留孔洞及各种深坑的上方等
2—14		当心落物	易发生落物危险的地点，如高处作业、立体交叉作业的下方等

续表

编号	图形标志	名称	设置范围和地点
2—15		当心吊物	有吊装设备作业的场所，如施工工地、港口、码头、仓库、车间等
2—16		当心碰头	易产生碰头的场所
2—17		当心挤压	易产生挤压情况的装置、设备或场所，如自动门、电梯门、车站屏蔽门等
2—18		当心烫伤	具有热源，易造成伤害的作业地点，如冶炼、锻造、铸造、热处理车间等
2—19		当心伤手	易造成手部伤害的作业地点，如玻璃制品、木制加工、机械加工车间等
2—20		当心夹手	易产生挤压情况的装置、设备或场所，如自动门、电梯门、列车车门等
2—21		当心扎脚	易造成脚部伤害的作业地点，如铸造车间、木工车间、施工工地及有尖角散料等处
2—22		当心有犬	有犬类作为保卫的场所

续表

编号	图形标志	名称	设置范围和地点
2—23		当心弧光	由弧光造成眼部伤害的各种焊接作业场所
2—24		当心高温表面	有灼烫物体表面的场所
2—25		当心低温	易于导致冻伤的场所，如冷库、气化器表面、存在液化气体的场所等
2—26		当心磁场	有磁场的区域或场所，如高压变压器、电磁测量仪器附近等
2—27		当心电离辐射	能产生电离辐射危害的作业场所，如生产、储运、使用《危险货物品名表》（GB 12268—2012）规定的第 7 类物质的作业区
2—28		当心裂变物质	具有裂变物质的作业场所，如其使用车间、储运仓库、容器等
2—29		当心激光	有激光产品和生产、使用、维修激光产品的场所
2—30		当心微波	微波场强的作业场所

续表

编号	图形标志	名称	设置范围和地点
2—31		当心叉车	有叉车通行的场所
2—32		当心车辆	厂内车、人混合行走的路段，道路的拐角处，平交路口；车辆出入较多的厂房、车库等出入口处
2—33		当心火车	厂内铁路与道路平交路口，厂（矿）内铁路运输线等
2—34		当心坠落	易发生坠落事故的作业地点，如脚手架、高处平台、地面的深沟（池、槽）、建筑施工、高处作业场所等
2—35		当心障碍物	地面有障碍物，绊倒易造成伤害的地点
2—36		当心跌落	易于跌落的地点，如楼梯、台阶等
2—37		当心滑倒	地面有易造成伤害的滑跌地点，如地面有油、冰、水等物质及滑坡处
2—38		当心落水	落水后有可能产生淹溺的场所或部位，如城市河流、消防水池等

续表

编号	图形标志	名称	设置范围和地点
2—39		当心缝隙	有缝隙的装置、设备或场所，如自动门、电梯门、列车等

三、指令标志（蓝色）

编号	图形标志	名称	设置范围和地点
3—1		必须戴防护眼镜	对眼睛有伤害的各种作业场所和施工场所
3—2	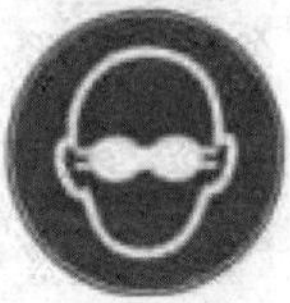	必须戴遮光护目镜	存在紫外、红外、激光等光辐射的场所，如电气焊等
3—3		必须戴防尘口罩	具有粉尘的作业场所，如纺织清花车间、粉状物料拌料车间以及矿山凿岩处等
3—4		必须戴防毒面具	具有对人体有害的气体、气溶胶、烟尘等作业场所，如有毒物散发的地点或处理由毒物造成的事故现场
3—5		必须戴护耳器	噪声超过 85dB 的作业场所，如铆接车间、织布车间、射击场、工程爆破、风动掘进等处

续表

编号	图形标志	名称	设置范围和地点
3—6		必须戴安全帽	头部易受外力伤害的作业场所，如矿山、建筑工地、伐木场、造船厂及起重吊装处等
3—7		必须戴防护帽	易造成人体碾绕伤害或有粉尘污染头部的作业场所，如纺织、石棉、玻璃纤维以及具有旋转设备的机加工车间等
3—8		必须系安全带	易发生坠落危险的作业场所，如高处建筑、修理、安装等地点
3—9		必须穿救生衣	易发生溺水的作业场所，如船舶、海上工程结构物等
3—10		必须穿防护服	具有放射、微波、高温及其他需穿防护服的作业场所
3—11		必须戴防护手套	易伤害手部的作业场所，如具有腐蚀、污染、灼烫、冰冻及触电危险的作业等地点
3—12		必须穿防护鞋	易伤害脚部的作业场所，如具有腐蚀、灼烫、触电、砸（刺）伤等危险的作业地点

续表

编号	图形标志	名称	设置范围和地点
3—13		必须洗手	解除有毒有害物质作业后
3—14		必须加锁	剧毒品、危险品库房等地点
3—15		必须接地	防雷、防静电场所
3—16		必须拔出插头	在设备维修、故障、长期停用、无人值守状态下

四、提示标志（绿色）

编号	图形标志	名称	设置范围和地点
4—1	 	紧急出口	便于安全疏散的紧急出口处，与方向箭头结合设在通向紧急出口的通道、楼梯口等处

续表

编号	图形标志	名称	设置范围和地点
4—2		避险处	铁路桥、公路桥、矿井及隧道内躲避危险的地点
4—3		应急避难场所	在发生突发事件时用于容纳危险区域内疏散人员的场所，如公园、广场等
4—4		可动火区	经有关部门划定的可使用明火的地点
4—5		击碎板面	必须击开板面才能获得出口
4—6		急救点	设置现场急救仪器设备及药品的地点
4—7	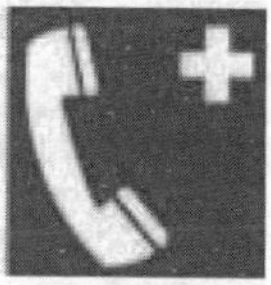	应急电话	安装应急电话的地点
4—8		紧急医疗站	有医生的医疗救助场所